光阴需要轻放 人生需要释然

生活因简约而温暖

主编 拾月
编著 冯雪

图书在版编目（C I P）数据

光阴需要轻放 人生需要释然：生活因简约而温暖 / 冯军编著. -- 北京：现代出版社, 2014.10（2024.4重印）
ISBN 978-7-5143-2778-6

Ⅰ. ①光… Ⅱ. ①冯… Ⅲ. ①人生哲学－青少年读物
Ⅳ. ①B821-49

中国版本图书馆 CIP 数据核字(2014)第 236226 号

光阴需要轻放 人生需要释然：生活因简约而温暖

主　　编　拾　月
编　　著　冯　雪
责任编辑　王敬一
内文制作　诚美天下文化传播有限公司
出版发行　现代出版社
地　　址　北京市安定门外安华里 504 号
邮　　编　100011
电　　话　（010）64267325
传　　真　（010）64245264
邮　　箱　xiandai@cnpitc.com.cn
网　　址　www.1980xd.com
印　　刷　唐山富达印务有限公司
开　　本　700mmx1000mm　1/16
印　　张　9
版　　次　2014 年 8 月第 1 版　2024 年 4 月第 4 次印刷
书　　号　ISBN 978-7-5143-2778-6
定　　价　57.00 元

前言

青少年是社会的宝贵财富，是人类的希望和未来，正所谓“少年强则国强”。为此，大至一个国家、一个民族，小至一个家庭、一个家族，都特别重视青少年的教育问题。希望他们成为社会的中坚，家族的骄傲。一句话，就是希望他们成为成功的人。于国，能成为有用的人才；于家，能成为顶梁柱。不仅仅要学习好，还要有辨别人世间善、恶、美、丑的能力。在每个人的人生中，除了需要自身的因素之外，还需要拥有感受世界的能力。

包容、快乐，是旅途之中的包囊，时刻给予我们心灵的养分。

自责、抚慰，是对那些过往的积淀、筛选，去其糟粕，取其精华。

简约、坚持，是对人生最大的尊重，是对生命最好的诠释。

放弃、放下，是心灵深处的温度计，是心灵最惬意的悠然假期。

完美、舍得，是对生命、对梦想、对人生的终极追求。

青春，是人最美好的一段时光，也是人格、性格定型的重要阶段，在这个时期，我们需要享受青春的快乐，同时也需要完成自我塑造。通过心理自助，最终从一个小男生、小女生逐渐成长为一个有着健全人格的人，成长为一个对社会、对家庭、对自我有着相对完整认知的人，成长为能够为自己的未来做主的人。这才是一个最充实、最有价值的青春。每个梦想都值得我们认真对待，每个青少年都是未来的希望。在青春中我们不仅要有欢乐，同时也要拥有未来！

本丛书是你化解烦恼的“心灵鸡汤”，可以给你快乐的心理自助；本丛书会让你认识到：掌控心理，方能掌控世界；改变自己，才能改变一切。本丛书还将告诉你：只有实现积极的心理自助，才能收获快乐而充实的青春。

目录

第一篇 简约人生：细碎的痕迹能抒写秋水文章

第二篇 简单处事：以简单纯粹的方式过一生

第三篇 专注于一：在沉静岁月中默默地做好自己

目录

第四篇 淡泊名利：以心安为基础过淡然的生活

第五 轻装向前：放下心灵的重负才能扬尘远行

第一篇

简约人生：细碎的痕迹能抒写秋水文章

学着做一个简单的人，简单的人能够笑看花开花落，闲品五味人生。明天是一个遥远的梦，如果你可以稍稍改变自己的心境，用一个人最单纯的本能，去看待大千世界，活一种简单的态度。

秉承简单的做人之道

故事话题

2003 年的人大、政协“两会”上，四位香港女代表获邀出席记者招待会，其他三人均脂粉扑面，盛装出席，唯有张赛娥（香港著名女企业家）素面朝天，一副平民打扮……

2003 年 8 月，作为特邀代表出席中国妇女第九次全国代表大会的张赛娥，在一群珠光宝气的香港代表里仍显得毫不打眼。为表明自己恬淡如菊的平常心态，接受记者采访中她还挽起袖子示意：“我戴的表还是 20 年前花 15 块港币买的。”别人问她赚那么多钱怎么花？她笑答：“用来再投资，事业可以做到无穷大，可以解决更多人的就业，可以为社会作出更大贡献。一个正常人所能享受的金钱总是有限的，我是个简单的人，物质享受对我没有多少吸引力。”她还戏称自己是“一杯凉开水，平淡却非常能解渴，就这么简单。”所有人不禁为张赛娥能洗尽铅华，以本色示人，简单中的不简单而喝彩。

故事解析

正如张赛娥所说，“一个正常人所能享受的金钱总是有限的”。人活在世上，总要有一个向往，一个追求，让自己活得有意义、有价值一点，将有限的生命投入到无限的工作中去，创造财富，造福人类，少讲享乐，多讲奉献。从从容容、轻轻松松地过那简单的日子。

现实生活证明简单也是一种享受。无论物质生活还是精神生活，不必搞太多所为隆重、热烈、庄严的形式，而是要尽量简化生活的内容；亦无需太多的虚荣，少许则生激情，太多便成铐链。不要刻意去追求功名和利禄，也无需费心劳神去涂脂抹粉，素面朝天，是一种清纯，一种自信。人生本来是平平淡淡、实实在在的，用不着去刻意打扮、粉饰，戴着假面具做人。否则你会感觉到身心疲惫，活得很累。若想自己活得轻松点，你不妨选择那种“简单”的活法吧。

故事穿越

一次，一位著名的推销大师为了告别他的推销生涯，特意在一个场馆里做告别职业生涯的演说。

那天，来听演说的人非常多，座无虚席，大家都盼望着能够听他说一说对人生，对他的行业的感悟等话语。就在人们焦急地等待着推销大师开口时，台上大幕终于徐徐拉开，首先映入眼帘的是舞台正中央吊着的一个巨大的铁球。

不难看出，为了这个铁球，台上还费了大力气搭起了高大的铁架。

这时候，一位老者在人们热烈的掌声和欢呼声中走出来，他缓慢的步伐没走几步，就站在铁架的一边。当时，他穿着一双白色胶鞋还有一身红色的运动服。

人们不解，惊奇地望着他和他的道具——大铁球。不知道他要干什么。

这时，又上来两位工作人员，他们将一个大铁锤抬进来，放在老者的面前。主持人这时对观众讲："请两位身体强壮的人，到台上来。"

好多年轻人闻言后站起来，然后跑到台上。显然，大家要做个游戏。

老人这时候笑眯眯地和他们讲起了规则，请他们用这个大铁锤去敲打那个吊着的铁球，直到把大铁球敲得摆动起来。

首先，一个年轻人抢着拿起铁锤，然后使出浑身的劲抡起大锤，全力向那吊着的铁球砸去，击中的瞬间发出震耳的响声，但是，球动也没动。这个年轻人不甘心，用大铁锤接二连三地砸向吊球，但仍旧不见铁球摇动，他已经累得气喘吁吁了。

此时，台下的呐喊声逐渐微弱，观众们认为大铁锤也起不了什么作用，于是希望老人做出解释。然而，老人不动声色，只是从上衣口袋里掏出一个看起来是那么微不足道的小锤，然后，他认真地面对着那个巨大的铁球，敲了一下，然后停顿一下，再敲了一下。

观众不解，只是看着，而老人丝毫没有停下来的样子，敲一下，然后停顿一下，再敲一下……循环往复，不停止。

眼看，10分钟过去了，20分钟过去了……会场逐渐骚动起来，有急脾气的人，甚至开始叫骂起来，显然，观众对老人的行为感到十分不满，但是，老人仍然不动声色，一小锤一停地敲着，他根本没有在意观众在喊叫什么。即使逐渐有人忿然离去，他也不停止。不一会，会场上出现了大块大块的空缺。而留下来的观众，因为叫喊时间太长，也累了，不得不安静下来。

就在老人进行到40分钟的时候，坐在前面的一个女人突然尖叫一声："球动了！"就在那一刻，大家都将目光投放到球的地方，刹时间会场立即鸦雀无声，人们聚精会神地看着那个铁球。

果然，那个大铁球以很小的幅度摆动了起来了！此时，老人仍旧一小锤一小锤地敲着，台下安静得出奇，人们好像都听到了那小锤敲打吊球的声响。

吊球在老人一锤一锤的敲打中越荡越高……在场的每一个人都被老人的行为震撼着。终于，场上爆发出一阵阵热烈的掌声，老人这时候才转过身来，慢慢地把那把小锤揣进兜里。

老人开口讲话了，他只说了一句话："简单的事情蕴含大道理，简单的人生实则不平凡。"

故事微语

这个故事告诉我们，人生就是这样，简简单单地过，在简单中铸就不凡，收获更广博的境界，创造出美好的人生。

做一个简单的人不必要时刻纠结于世俗的烦恼，在心里给自己留一席空白之地，在那里，做自己喜欢做的事情。懂得不强求世事，一切顺其自然。

实际上，世界上最幸福的人，就是当一个简单的人。

做一个简单的人，并不是真的变得简单，而是想把复杂的问题化为简单问题。社会上有把简单事情弄复杂的人，就有把复杂问题弄简单的人，然而，可以简单，又何必去复杂呢？

简单的人容易享受到来自各个方面的快乐。生活中，如果把一个清澈的问题层层铺垫的波澜起伏，实在是庸人自扰。世界上大部分的事情，本来就很透明、很直接，其实来龙去脉早已是脉络清晰，并不是人们想象或设想的那样复杂，并没有什么深不可测的不可告人，也无神秘色彩的阴谋诡计。

心灵箴言

最伟大的人仅仅因为简单才显得崇高。

——[英] 丁尼生

最伟大的真理最简单；同样，最简单的人也最伟大。

——[美] 黑尔

任何事物都不及“伟大”那样简单；事实上，能够简单便是伟大。

——[美] 爱默生

别将自己的快乐寄托在他人身上

故事话题

有一个非常虔诚的佛教徒，在遇到难事以后，就去寺庙里寻求观音的帮助。走进庙时，他看到观音的像前已经有一个人在拜，然而，那个人竟然长得和观音一模一样。

“你是观音吗？”

“是。”

“那你为什么要自己拜自己？”

“我也遇到了难事，但是我知道，求人不如求己。”观音笑着说道。

观音的话让人深思和回味。

曾经，苏东坡在与佛印大师探讨佛学时，也曾有过类似的问答。

苏东坡问：“世人皆求佛，佛求谁？”

佛印回答：“佛求自己。”

类似的事情在西方也有。因为洪水猛烈来袭，虔诚的教徒一直在向上帝求助。那时，大水已经漫上了教堂的台阶，眼看一块木板漂了过来，上面的人冲喊他：“把手伸过来拉住！”他拒绝了：“不，多谢了。我相信上帝，上帝将会拯救我。”

他继续祈祷，而洪水不断在上涨。之后，还有几次机会逃脱，但他都没有积极配合，而是一味将希望寄托在上帝身上。最终，他被淹死了。

故事解析

这位教徒不是死于洪水，而是死在对上帝的过分依赖上，换句话说，他也是变相地死在自己的手里。你若不向自己伸出援助之手，谁又能将你救下呢？不管是命运，还是想要快乐地活，能依靠的不是观音和上帝，而是你自己。

想要拥有快乐的人生，就不要害怕磨炼，不要逃避苦难，不要拒绝风雨，“天行健，君子以自强不息。”我们应该有这样的自信，给自己营造一个快乐的王国，然后快乐地成长。

快乐不依赖他人给予，生活不依赖环境的好坏而评定。做一个简单的人，过简单的快乐生活。

想要得到快乐其实很简单，能够真切地认识，然后坚持做自己想做的事情，这就是一种简单而又实在的快乐。实际上，我们周围大都是平凡的人，他们现世安稳、自由自在的地生活，这种幸福就是人间最美好的！

在现代社会里，处处充满着诱惑，能沿着自己的生活轨道毫不偏离地前进的人已经不多了，做自己想做的人，做自己想做的事，才是真正快乐的人！

故事穿越

马克从欧洲旅行归来，总是能回想起在德国慕尼黑街头见到过的一幕，那是一个表演吹气球的小丑的影像。

那个小丑让人过目不忘，他有非常灵巧的双手，每次只是轻轻松松地一拉一吹，就能够扭转出各种花样的气球，他一会做出个可爱的小狗，过一会就做出一只可爱的兔子，然后送给旁边的小女孩。如果有美女从他身边经过，他就会做出美丽的花朵送给美女们。

小丑总是笑嘻嘻的，他快乐的身影总是穿梭在人群中，好像一只花蝴蝶。他边走边跳，还在不停地吹气球，然后将快乐和作品统统送给身边的人，让围观的人群笑声不断。

然后，他这才把帽子摘下来，用帽子接着观众投过来的钱币。也正是这时候，人们看到了他的秃头，原来，他已经是个中年人了。

小丑很吸引马克，在小丑停止表演坐在路旁休息时，马克上前去找他聊了几句，才知道他是法国人。他可是个从 16 岁起就立志要扮小丑的人，至今已经 24 年了。

小丑说："我对自己的工作很满意，打算做到老死。我是一个小丑，也愿永远做一个给人带去欢乐的小丑。"

马克听他这样说时，内心感慨不已。

故事微语

时代在进步，社会飞速发展，这是一个人人都渴求成功的时代！在这个大时代背景下，小丑过上了自己最想要的生活。他没有被人人都追求的功利所迷失人生的方向，在他眼里，小丑的职业可是他 16 岁就立下的志愿。而他已经成功完成了这个梦想。

如今，人们经常很容易让一些无谓的成功计划蒙住生命的欢乐和智慧的光芒。数之不尽的人就在追逐成功的过程中变得心力交瘁、遍体鳞伤，给自己徒增了很多烦恼。

小丑的故事告诉我们，要认识自己、扮演自己，然后实践自己。任何人都可以活得像鱼一样悠闲，像鸟一样轻快，像花一样灿烂。就看你愿不愿意。尽情地做自己，即使只是做一个毫不起眼的小丑，只要拥有了内心的快乐和富足，你拥有的就是最美的人间天堂。

每个人的身边都不会缺少快乐的元素，每个人都有自己的快乐，只是在某些时候，我们缺少发现快乐的眼睛。

我们不必置身于财富、名利、权贵的边缘，苦苦追求那些得不到的东西，而应发现身边的简单的快乐，每天能高高兴兴出门，平平安安回家就是一种快乐；在生活中，你能尽力关心帮助别人，或得到别人的关心与帮助，也是一种快乐；在家里，家人能够相互体贴、和睦相处，也是一种快乐……快乐实在太多了，依靠自己，你就可以获得快乐的人生。

心灵箴言

我是自己的主人。

——[丹麦] 吉勒鲁普

有勇气做真正的自己，单独屹立，不要想做别人。

——林语堂

人们可以支配自己的命运，若我们受制于人，那错不在命运，而在我们自己。

——[英] 莎士比亚

要知道，生活其实很简单

故事话题

有个老妇人，很不幸的是，她的儿子死了，她悲痛万分，最终瘫痪在床。但是，每个月，她都要给为儿子守墓的人寄钱，希望守墓人能够替她将鲜花送到儿子的坟前。

一年以后，这妇人差遣自家的司机告诉守墓人，这一年真是很感谢他为她儿子做的一切，感谢他是个有诚信的人。而现在，她快要死了，所以希望能够感谢一下守墓人。

守墓人听后，也请司机转告老妇人说："其实，你的儿子已经死了，就算你把钱花在这里，也挽回不了什么。如果你日子真的不多了，如果有花不完的钱，就给孤儿院里的孩子们吧，他们更需要这个。这样也会更有意义。"

后来，守墓人一直害怕自己所说的话，对一个快要死的人来说，可能不太中听。感到很自责。

可是，没有想到，半年后的一天，这个老妇人竟然亲自驾车来到墓地，当面感谢守墓人当初的忠告。老妇人听了守墓人的话，开始投身更有意义的事情上，后来，能够迹般地行走了。很快，她就走出了生命的阴影。而现在，她觉得自己很幸福，因为孤儿院的孩子们因为她而快乐着，她也因此快乐着。

故事解析

生活其实很简单，今天过后就是明天。但是，这么简单的道理，很多人却依旧纠结不休。当下的日子不专心过好，总扭着脖子回望昨天的过往，再抻着脖子巴望明天的未来，把简单的事情无限复杂，徒增很多烦恼……

人，其实一简单就快乐。一碗热汤面也能让人知足和幸福，但真正快乐的人好像并没有想像的那么多。要知道，人，一复杂就容易痛苦，好像让人痛苦的事情要比让人快乐的事情多得多。

有这么一句话：“生活是一面镜子，你对它笑，它就对你笑；你对它哭，它也对着你哭。”要知道，命运只负责洗牌，而玩牌的人是你自己。事物本身是不变的，变的只是人的感觉。

有人说：“幸福是你施恩万物，万物也施恩与你。”生活就好像是平凡的叠影，如果你能够凭借清净的心去看待世界，就能欢喜地生活。

故事穿越

一对夫妻在煮面条时发生了这样一个现象，妻子在煮面条时，总是把握不好面条的量，要么就是多得吃不完，要么就是不够吃。为此，妻子感到十分恼火，觉得生活实在太不容易了，从吃面这件小事中就能看出来。

但是，让她感到不解的是，为什么他的丈夫煮面条时总是能“恰到好处”。

这是为什么呢？丈夫又不是经常煮面条，次数也不比她多多少。可为什么总能做到刚刚好？

在接下来的日子里，妻子不露声色，对丈夫开始了细心的观察，最终，她找到了答案！

原来，丈夫在煮面条时，先夹一碗出来，将锅里的面和面汤舀到另一只碗（面少汤多），然后，将先夹出的那一碗端给妻子，妻子吃着面，心里特别感动，对丈夫对自己无声的爱很感激，之后也更加体贴丈夫，日子自然越过越好。

故事微语

这种故事，在普通人的生活里似乎是件再平常不过的小事，也有人有很深的感受，对我们这些普通人来说，幸福，其实就是这么简单，一碗简单的挂面，就满满体现了纯净的爱与幸福。

幸福是什么，每个人的感受是不一样的。

有人说："幸福就是很多让我们感动的小事交织而成的，能将平凡的生活过得有滋有味，就是幸福。幸福要用心去体会，在生活中保持知足常乐的心态，会收获更多的幸福。"还有人说："生活就像一潭湖水，时而平静，时而翻滚，时而清澈，时而浑浊。"

实际上，想要生活变得幸福，也很简单。不成为生活的奴隶，不被生活中的琐事所牵绊，做一个能够接受生活的人，然后努力去适应，有困难时不退缩，凭借积极的心态，努力向前走下去……

心灵箴言

简单地活着，其他人可能只是简单地生活。

——[加] 伊丽莎白·锡顿

华丽常常伴随着伟大，幸运更经常地来自于简单。

——[美] 杜威·沃森

当你简化你的生活，宇宙的法则将更加简便；孤独不会孤独，贫穷不会贫穷，也不虚弱无力。

——[美] 亨利·大卫·梭罗

欲望太多，就会认为拥有太少

故事话题

有一个人死后，在去阎罗殿的路上，看到一座金碧辉煌的宫殿。正当好奇是，宫殿的主人请求他留下来居住。

这个人说：“我在人世间辛辛苦苦地忙碌了一辈子，现在只想吃，想睡，我讨厌工作。”

宫殿主人答道：“若是这样，那么世界上再也没有比这里更适宜居住的了。我这里有山珍海味，你想吃什么就吃什么，不会有人来阻止你。而且，我保证没有任何事情需要你做。”于是，这个人就住了下来。

开始的一段日子，这个人吃了睡，睡了吃，感到非常快乐。渐渐地，他觉得有点寂寞和空虚，于是去见宫殿主人，抱怨道：“这种每天吃吃睡睡的日子过久了也没有意思。我对这种生活已经提不起一点兴趣了。你能否为我找一个工作?”

宫殿的主人答道：“对不起，我们这里从来就不曾有过工作。”

又过了几个月，这个人实在忍不住了，又去见宫殿的主人：“这种日子我实在受不了。如果你不给我工作，我宁愿去下地狱，也不要再住在这里了。”

宫殿的主人轻蔑地笑了：“你认为这里是天堂吗？这里本来就是地狱啊!”

故事解析

不管是快乐，还是痛苦，都不过是一张纸的正反两面。想要怎样的结果，其实大部分取决于自己。

然而，快乐和痛苦总是会被欲望所左右。当一个人的欲望越来越大的时候，是很难获得快乐感的。相反，如果一个人欲望很少，那他很容易就成为一个快乐的人。

欲望仿佛是个魔鬼，不仅能促使人变得越来越自私，使其流放于充满欲望的孤岛，更能让人陷入黑暗的深渊，使得生活变得越来越缺少香味儿。

水能载舟，亦能覆舟，要控制好你内心中的那些欲望。上帝曾说过："人们之间充满阳光和花香。看清别人，认识别人，其实很简单——放下私欲，解放心灵，就会沐浴在爱的阳光中。从此以后，你会发现天是那么的蓝，水是那么的清，情是那么的真，爱是那么的美……"

生活中，有时候不是你真的缺少什么，而是追求得"太多"了，才会导致失去很多的假象，让人逐渐失去幸福感。

忙忙叨叨地往前冲，却常常一路上渐渐变了心情，忘了初衷。有很多时候，都做了舍本逐末的蠢事。然而，往往当我们意识到这些再想挽回的时候，已经是欲罢不能，导致回头困难。所以，时刻要提醒自己，不让欲望冲昏头脑。

故事穿越

一只正在偷食的老鼠被猫逮住。老鼠哀求猫，对猫说："请猫大人放过我吧，我会送给你一条大肥鱼来报答你。"

猫说："不行。"

老鼠继续说："这样好吗？我送给你五条大肥鱼。"猫还是不答应，只是摇摇头。

老鼠不死心，因为它真的不想死。于是它又说："你放了我，以后我每天都给你送一条大肥鱼行吗？此外，逢年过节，我还会拜访你。"

这时候，猫眯起眼睛，不说话了。

老鼠觉得猫心动了，赶忙又说："其实，你平常不是也很少吃到鱼吗？只要你肯放我一马，以后你就可以天天吃鱼啦。这件事情只有天知地知，你知我知，其他人都不知道，何乐而不为呢？"

猫虽然没说什么，但心里开始犹豫了。它认为老鼠的主意也挺好的，如果放了它，还能天天吃到鱼。也挺好的！但是，如果放了它，它一定还会偷主人的东西，以后，如果它胆子越来越大，我要是再一次抓住了它，该怎么处置呢？是放还是不放？

猫开始做心理斗争。因为它知道，如果放了，主人一定饶不了它，甚至会将它撵出家门。如果不放，老鼠或其同伙就不会向主人告发这次交易，主人就不会将它扫地出门。一天一条鱼固然不错，但弄不好会丢掉一日三餐，这样的交易不划算。

猫将这些都想了一遍后，猫突然睁大眼睛，伸出利爪，将老鼠捉住，然后吃掉了。

故事微语

仔细想来，这只猫是很聪明的，它经过心理斗争，做出了正确的选择。在面对老鼠的许诺时，即使每天都能吃到鱼这是一件它梦寐以求的事情，但最终，它还是选择了踏踏实实的吃一日三餐。

因为它知道，如果事情败露了，它可能连起码的一日三餐都保不住了，那么，一日一鱼更是水中月、镜中花，只能想想的美事。

然而，在现实生活中，不乏有一些人，在面对“一日一鱼”的诱惑下，怦然动心。而结果并没有想像中那么美好，他们通常还没来得及品尝“一日一鱼”的味道，便被绳之以法，失去宝贵的“一日三餐”不说，还断送了大好前程，甚至是身家性命。这就是欲望带来的巨大危害。

有时候，欲望会把原本美丽的灵魂变得丑陋，它能吞噬人积极的精神和意志。然后，人就被贪婪的欲望所绑架，欲望可以毁灭人的一切意志，又可以升华成另一种状态，欲望是漂浮的空气，在人的躯体之内灵魂的最深处。

在人潮拥挤的街头，如果能够看透每个人的内心，其实，每个人内心中都隐藏着或多或少的欲望，也是一种能够让自己得到满足的东西，这种本能的需求就是欲。这种欲望会在你的内心中，或是缓缓平静地流淌着，或是波涛汹涌澎湃着。当所有一切理解的释义变得扭曲时，它就变成了洪荒猛兽，肆无忌惮，无所顾忌。

欲望的可怕之处，在于当一切得到了满足后，又会重生出另一种奢求，这是一个无止的尽头。也就是，人们难以被眼前的一切所满足，而是得到了1，又想得到2，继而想得到3、4、5……无休止，无穷尽。

所以，想要幸福地生活下去，就要做一个懂得满足的人，再美的浮华，也不过是过眼云烟，而不是长久的永恒。随着你慢慢长大，经历越来越多，这时候，你的包袱会变得日渐沉重，随着年龄、阅历思想的成熟，你就该开始学习对它们进行简化，从而让自己变得平静。

心灵箴言

嗜欲者，逐祸之马也。

——刘向

自我控制是最强者的本能。

——[爱尔兰] 肖伯纳

养心莫善于寡欲。其为人也寡欲，虽有不存焉者，寡矣；其为人也多欲，虽有存焉者，寡矣。

——孟子

没有必要羡慕他人的生活

故事话题

一个和尚与一个农夫分别住在河的两岸，比邻而居。

和尚日复一日地看着农夫过着日出而作，日落而息的生活，感觉农夫的生活非常充实，所以相当羡慕。而在对岸的农夫也和和尚一样，总是想和尚每天都活得那么无忧无虑，他时而诵经，时而敲钟，生活看起来是那么轻松，所以令他非常向往。

所以，在他们二人的内心里产生了这样一个念头："真想到对岸去！换个新生活！"

直到有一天，农夫和和尚碰巧见面了，两人相见恨晚，好好地聊了很久。最后，他们达成了交换身份的协议，农夫变成和尚，而和尚则变成农夫。

当农夫的身份变化后，成为和尚后，他这才发现，其实和尚的日子并没有想象中那么好过，虽然敲钟和诵经的工作，看起来很悠闲，实际上却非常烦琐，每一个细小的步骤、小细节都不能遗漏。更让他崩溃的是，僧侣刻板单调的生活异常枯燥和乏味，虽然悠闲，但是经常让他觉得无所适从。

于是，成为和尚的农夫，在经历每天敲钟、诵经的工作之后，都会坐在岸边，用羡慕的眼神看着在彼岸快乐工作的其他农夫。

至于做了农夫的和尚，虽然重返了尘世，但是痛苦比以前更多了，他在面对俗世的烦忧、辛劳与困惑时，感到十分不适应，于是非常怀念当初当和尚的日子。

所以，他也和农夫一样，每天坐在岸边，羡慕地看着对岸步履缓慢的其他和尚，并静静地聆听彼岸传来的诵经声。

在他们二人的心中，同时都又有了一个新的希望，就是希望自己赶快变回原来的身份，因为"那里才是真正适合我们的生活"。

故事解析

我们常常能够听见家人或是朋友间有这样的抱怨：“看你的生活感觉过得不错，不像我，每天都得面对老板或家人地唠叨。”

但是，你又是如何知道朋友的生活真的过得比你好？

别只看事情表面，因为，表面的光鲜是片面的，家家有本难念的经，个人也是如此，每个人都有属于自己的幸福。当然，每个人也都有属于自己的悲伤，只是对于悲伤的事情，人们大都不愿为外人道也。

故事里的两位主角，就是因为没有经历过对方的工作，所以根本看不见对方的辛苦一面，就像我们只看得见成功者的笑容，却看不见他们奋斗的过程中曾经流下的眼泪。

每个人都有自己必经的历程，在这其中，不管是辛苦还是甜美，只有自己才能够有深刻的感受。只有你亲自栽种的花朵，你才知道其特性与培植的感受，当花朵嫣然绽放时，也只有你才懂得欣赏。

好好生活，没有必要去羡慕别人的生活，调整好自己的心态，将自己的生活过好才是好样的。

一个人，有自己的天空和领地，就一定有自己的快乐和幸福，不去羡慕别人，才会有之后的成就。

总是一味地羡慕他人的生活，自己也会因此变得混乱和迷茫，生活得不安宁，因为羡慕别人的同时，很容易失去自己。所以，不去羡慕别人，努力让自己的日子变得从容不迫、悠然平静，那么，自信就会与自己如影相随。不去羡慕别人，自己才会找到自己的生活，完成自己的事业，达到自己的目标，从而过好自己的日子。

故事穿越

一个人喜欢养花，他每天都会给花园里种植的花花草草浇水，把它们照顾得很精心。每一次，他都会给美丽的向日葵浇两勺水，但是，却给向日葵旁边的小草们只浇半勺水。所以，小草们心里很不高兴，有一天，小草们实在忍不住怒火，就质问养花人：“凭什么向日葵比自己多得这么多水呢，就因为它会开花吗？”

养花的人听到质问后，只是微微一笑，然后回答：“那是因为小草的容量没有向日葵大呀！小草只能容纳半勺水，若是也用两勺水，小草不但不能长高，反而会因为过量的水而饱死。而向日葵，就是因为它需要两勺

水才能维持成长，我才浇两勺水的。”

养花人看到小草还是不服气，就指着对面山上的大树说：“你们看那些大树，因为身材魁梧，长得非常高大，所以它们每天可以得到两桶水呢！”

此时，小草不说话了。养花人继续解释道：“你们谁也没有注意到大树需要经历多少苦难，才长得如此高耸，虽然得到的要多一些，但是责任也非常大。大树不但要为鸟儿提供栖息的地方，还要为路人提供乘凉的树荫，为孩子提供可以摘取的果实，还得为那一片的人们抵御风雨。”

小草听完恍然大悟。

故事微语

大多数人都会不由自主地去羡慕别人所拥有的东西，不管是羡慕别人的工作，还是别人的美满家庭，亦或是别人买了新房或新车子，等等，但是，却忽视了一点，其实，我们自己也是别人所羡慕的对象。

人们总是这样，喜欢互相羡慕对方的长处。还有一些人，总是幻想如果有一天一觉醒来，自己也许就会成为像某某一样的人。之所以有这样的心理，也许是由于我们深知自己人生的缺憾，因此就会不自觉地拿那些缺憾与我们认为比较完美的方向去作比较，当做人生的坐标。

实际上，这个世界上并不存在十全十美，在我们所羡慕的那些人当中，他们同时也在承受着他们的不如意。这也是人虚荣本性的一种体现吧。

人们都喜欢将自己风光的一面展示给人，又有谁能真正看到别人风光的背后呢？很多时候，得到的就是所承但的，每件事都像硬币一样有两面，有正面就有负面。

“人比人气死人”，和其他人比不如和自己比比，看看自己是否越来越好了，是否离自己期望的目标越来越接近了。时不时给自己鼓励，你会做得更好。

你根本没有必要去羡慕别人的生活，仔细想想，你会发现你所拥有的绝对比没有的要多出许多。而你缺失的那一部分，也是你生命中不可或缺的宝贵的一部分，你应该接受它且善待它，你的人生才会快乐豁达许多。所以，你不必去羡慕别人，如果能够守住自己所拥有的，就会得到真正的快乐！

心灵箴言

如果你指挥不了自己，也就指挥不了别人。

——[美] 名言

意识到了自己的无知就是向知识迈进了一大步。

——[英] 迪斯累里

欲胜人者必先自胜，欲论人者必先自论，欲知人者必先自知。

——吕不韦

第二篇

简单处事：以简单纯粹的方式过一生

简单做人，简单处事。人的一生，要经历太多事情，有的让你欢欣雀跃，有的让你痛苦悲伤。然而，在面对这些事情时，你最好用“大事化小，小事化了”的心态，这样，你才能平静淡然地活，享受安稳惬意的人生。

微笑是最完美的通行证

故事话题

有两个钓鱼高手，聚到一起去池塘垂钓。他们二人各凭本事，都准备一展身手。果然，时隔不多久的时间，二人均有收获。

他们的高超技艺吸引了很多人，池塘附近来了十几个游客，人们看到这两位高手总是能轻轻松松地就把鱼钓上来，感到十分羡慕。还有些人认为附近可能是鱼多，于是，都在附近去买了钓竿，也要试一试，看自己能否也像这两个人一样，满载而归。

可是，让这些人没想到的是，这些全凭运气，不擅此道的游客，怎么钓也是毫无成果。

再说那两位钓鱼高手，实际上，他们二人的个性是完全不同的。其中一个人非常孤僻，特别不爱搭理别人，尤其喜欢享受独钓之乐。而另一位高手，却是个十足的热心肠儿，喜欢微笑示人，他性格也豪放，喜欢交朋友。

这位爱交朋友的钓鱼高手，在看到那些游客钓不到鱼后，就笑着对他们说："这样吧，我来教你们钓鱼吧，倘若我能教会你们钓鱼，你们可以掌握诀窍的话，那么，你们每钓 10 尾就分给我 1 尾，好吗？如果不满 10 尾就不要给我啦。"

双方一拍即合，都表示赞同。

教完这一群人，他又到另一群人中，同样也传授钓鱼术，依然要求每钓 10 尾回馈给他 1 尾。

一天下来，这位总是笑呵呵的钓鱼高手，把所有时间都用于指导垂钓者，获得的竟是满满一大篓鱼，还认识了一大群新朋友，同时，左一声"老师"，右一声"老师"，备受尊崇。

同来的另一位钓鱼高手，却没享受到这种乐趣。当大家围绕着其同伴学钓鱼时，那人更显得孤单落寞。闷钓一整天，看看竹篓里的鱼，收获也远没有同伴的多。

故事解析

人生就如同钓鱼。用微笑钓鱼，好过用鱼竿钓鱼。倘若你一个人静静钓鱼却不曾仰望蓝天，那么，你终会发现原来你收获的鱼儿实在太少。也许，一个微笑对蓝天，很多美丽的鱼儿便会涌向你的怀抱。

笑容仿佛是刚启封的美酒，最能够醉人心怀；笑容也仿佛是习习的春风，总能温柔地拂人面庞；笑容还是一种最美好的问候，带给人们无声无息的祝福……一个微笑，往往能起到点燃生命火花的作用；一个微笑，还能很好的填平人与人之间的沟壑；一个微笑，也能打开久居黑暗的心扉。因此，我们都要笑对人生。

人生本来很短暂，而微笑是自己给予的，有微笑的特权，何必要栽培苦涩呢？

莫让那些苦涩占有你生活的每一天，你应该学会打开尘封的门窗，让阳光雨露洒落每一个角落，走向生命的原野，让风儿熨平前额，博大可以稀释忧愁，深色能够覆盖浅色，微笑面对生活，快乐之心面对生活。

正所谓：“笑一笑，十年少。”任何人都没有办法剥夺我们微笑的权利，想像一下，如果人们失去微笑，该是多么孤寂、多么郁闷的一件事啊，就好像是折了翅膀的小鸟，怎么飞也飞不高。

所以，我们要懂得插上微笑的翅膀，然后在生活的广阔天空下展翅翱翔。

微笑还是生活中的一种释然，它与贫富、地位以及你身在的处境都没有必然的联系。一个富翁，也许会整日忧心忡忡，而一个穷人，则可能自给自足、富有情趣、笑声不断。一位残疾人可能坦然、乐观；一位处境顺利的人可能会愁眉不展，一位身处逆境的人可能会面带笑容……笑对人生，用笑这样一种乐观积极的态度去面对人生的逆境、坎坷，最终走上自己辉煌的道路。

笑看人生是一种释然，是一种真谛，更是一种境界。

故事穿越

一位忧心忡忡的冶金行业的老板，想去拜谒一位禅师，他想请禅师帮助自己的心灵解锁。

见到禅师后，老板问："禅师您好，我一直不明白，我一直是兢兢业业的，工作吃苦耐劳，喜欢用最好的人才，我们那的首席执行官都是最优秀的，我总是拿出收入的一半，用来给员工发工资，可是，即使这样，我的事业怎么还是做不大呢？"

听了老板的话，禅师先是微笑了一下，然后突然学着老板的腔调，将眉头紧锁，又一脸木然地把问题的皮球推回去给老板，说："是啊，这是为什么呢？"

老板见禅师这般样子，感到哭笑不得，然后他说："我说禅师，我可真是着急啊，都这时候了，你就别再捉弄我了。"

此时禅师两眼圆睁，板着个脸，表情非常像僵滞的油彩，说："你以为我在捉弄你吗？"

老板见禅师这样严肃，有些慌张，于是回答："你还说没有，你看看你的表情就知道是了，不信您自己看看，都拧巴成什么样子了！还说没有捉弄我啊？"

这时禅师突然爽朗地大笑起来，然后不紧不慢地从背后的书架上，取出一面铜镜递给老板说："我不是在捉弄你，我不过是在学你啊，你平时就是这样的啊！"

老板接过铜镜照了照，旋即捶胸顿足，原来，禅师刚才的表情就是自己的表情呀！自己竟然都不知道。

禅师开示道："心头压着冰川的人，脸上始终敷着冰，任何人都会拒你于千里之外；然而，心里装着炉火的人，所有的块垒扔进来，也都会冶炼成明晃晃的真金。"

老板恍然大悟，原来禅师是在批评自己待人处世的方式和风格啊！

老板回到公司以后，立即给自己的团队定了这样一条企业管理格言："一个优秀的人，他的脸上始终在用微笑冶炼着金子！"

原来，微笑才是最高明的冶金术，冶炼出人们心灵的璀璨真金。

故事微语

如果一个小贩完全不在乎别人挑剔他水果的好坏，并且在别人的指指点点下一点也不生气，不是因为自己心态好、修养好，就是因为他对自己的水果大有信心。就像上文中的故事，老板之所以总是忧心忡忡的样子，如果说自己对公司的管理方面很有信心的话，那么就是他自己的心态或是修养还没有到达一个高度。

老板找到禅师询问缘由，禅师只是学着老板的样子说几句话而已，老板就受不了，那么，在日常工作中，有多少人都受不了老板的那个样子啊，可见，微笑示人的重要性。

稳定乐观的情绪，以及笑口常开，饱有轻松快乐的心情，将会一扫悲观沉闷怨天尤人的旧貌，增强人们对于前景的信心。也会让身体保持健康的状态，能够避免或减少由于抑郁而带来的疾病。当然这样的笑应当是内

心愉悦的体现，而不是通过某种方式强行制造的所谓苦恼人无可奈何的那种笑容。

李嘉诚曾经说过："在这个世界上，你给别人一个什么样的表情，别人就回报你一个什么样的表情，你给对方一个善良的微笑，对方回报给你一个善良的微笑，当你把微笑给了千百个人的时候，千百个人就会回报给你千百个微笑，你的人生就成功了。"

对人这样，对生活，对人生也一样，因此，我们要学会笑对人生，保持乐观的心态。

在漫长的人生路上，不可能一帆风顺，难免会遇到挫折，这时就需要对自己笑一下。生活中笑一下，自然而然地就会变得充满自信，吸取教训，从而黑暗走向光明，取得人生路上的成功。

心灵箴言

一切的和谐与平衡，健康与健美，成功与幸福，都是由乐观与希望的向上心理产生与造成的。

——[美] 华盛顿

当生活像一首歌那样轻快流畅时,笑颜常开乃易事；而在一切事都不妙时仍能微笑的人,才活得有价值。

——[美] 威尔科克斯

不管怎样的事情，都请安静地愉快吧！ 这是人生。我们要依样地接受人生，勇敢地、大胆地，而且永远地微笑着。

——[德] 罗莎·卢森堡

不做谎言的制造者

故事话题

范仲淹是北宋名臣，他生性正直，素来敢想敢说。他不喜欢说话绕圈，绝不搞阿谀奉迎这一套虚伪的东西，不管是在官场上，还是在家中，都是如此。

正是因为范仲淹有这样的性格，导致他在朝堂上，总是不去过多地考虑自己的利益。此外，他还经常上书批评当时的一些达官显贵，结果遭到先后被贬 3 次，即使被贬，他都始终不改他正直的天性，始终坚持为国为民不说一句假话。

范仲淹在《岳阳楼记》一文中，这样写道：“先天下之忧而忧，后天下之乐而乐。”此句成为千古名句，其实也正是他一生正直敢言为国为民的写照。

下面就是一则流传已久的具有神话色彩的小故事。

范仲淹在主管庆州（今甘肃省庆阳县）的时候，曾经有人托他写个碑铭，范仲淹没有轻视这件事，很快就为他写好了，却因此暴露了一位死去贵人的人所不知的隐恶。

一天夜里，范仲淹晚上做梦，梦中见到那位死去的贵人告诉他说：“我的确在这件事上有过失，但是，并没有其他人知道这件事，而现在，因为你写了这样的碑铭，不是把我的过错给暴露了吗？所以，现在我真心地希望你能修改碑铭，继续为我隐瞒这件事。”范仲淹本来就是个刚正不阿的人，他在梦中就做了回绝，他说：“如果修改碑铭隐瞒这件事，那么，我必定受到恶的名声，如果您实有其事，那我也不是阿谀奉迎之人，所以碑铭绝不可改。”

谁知，这位贵人听了范仲淹的话后，开始恐吓范仲淹，说：“你如果不改，我就一定要夺去你长子的性命。”范仲淹则回答说：“死生之事，乃命中注定。”他坚绝不答应改碑铭。

没过多久，他的长子范纯佑果然得病死了。之后，贵人又恐吓范仲淹，如果不改碑文的话，就将他的次子的命也夺去。范仲淹坚守真实，决不帮着他人说谎话。没多久，他的次子就生病了。

而后，贵人又出现在范仲淹的梦里，态度傲慢，范仲淹依然选择了讲真话不改碑铭，而他的次子也于不久后痊愈了。看来，贵人并不能做到想要谁的命就要谁的命，而他的大儿子也不过像范仲淹所说：“死生之事，乃命中注定。”

故事解析

故事中，范仲淹不惧威胁，不管对方使出怎么样的手段和威胁，他都不为所动，绝对不为了他人说谎话。体现出了他的正直节操，实在令世人钦佩啊，他的这种精神也和他的名句“先天下之忧而忧，后天下之乐而乐”一起，在历史上闪灼异彩、千古流传。

其实，我们从一出生起，便被教导一定要做一个诚实的孩子。仿佛“不说谎”就是被列为头条的戒律。在中国，人们信奉“三岁看大，七岁看老”。如果一个小孩童喜欢撒谎，那么是不受大人喜欢的。如果某个小孩子因为谎言被揭穿，很可能会被父母打一顿，然后父母会丢下一句“这都是为你好”的话语。可见，不说谎是多么重要的一件事情。

故事穿越

周幽王在即位以后，只知道吃喝玩乐，不理会国家大事，总是派人四处为他寻找绝色美女。

美女褒姒是周幽王非常喜欢的一个，《东周列国志》中有这样一段话来形容褒姒：“目秀眉清，唇红齿白，发挽乌云，指排削玉，有如花如月之容，倾国倾城之貌。”但是，自从她进宫以后，心情总是不好，一直没有露过笑脸。

周幽王希望能够博得美女一笑，便想尽办法，可是，褒姒怎么也笑不出来。于是，有人帮助周幽三想了个主意，让周幽王带着褒姒出去转转，然后来一出“烽火戏诸侯”。

周幽王与诸侯早有约在先，一旦有急，点烽火为号，各路诸侯就会纷纷赶来救援。到了晚上，周幽王下令点燃烽火，附近的诸侯见了都按盟约赶来，但是，到了才知道是上了个大当。才知道周幽王只为博美人一笑。

褒姒看到骊山脚下来了好几路兵马，乱哄哄的样子，就问大王发生了什么回事。周幽王便一五一十地告诉了她缘由。褒姒听后果真笑了。

周幽王见她还真笑了，心里别提多高兴了。但是，诸侯知道上了当，一个个气得肺都要炸了。

幽王宠爱褒姒，后来，把王后和太子都废了，立褒姒为王后，立褒姒生的儿子伯服为太子。被废王后的父亲是申国的诸侯，得到这个消息，就连结犬戎进攻周幽王。周幽王闻讯，命人点燃烽火，可是诸侯因为上次上了当，谁也不来理会他。

最终，犬戎兵一到，周幽王京城的兵马不多，勉强抵挡了一阵，被犬戎兵打得落花流水，犬戎的人马像潮水一样拥进城里，把周幽王和伯服杀了。那个美丽的褒姒，也被人抢走了。

故事微语

说谎就是有意隐瞒和蒙骗，说谎的人也要承担巨大风险的，在谎言面前，总有败露的一天。对谎言的制造者来说，说谎就像是身体上的疥癣，虽然不至于要了性命，但也要因此承受巨大压力，发作时，必然会烦躁和焦虑，导致情绪低落。

说谎是人性的弱点，一个人，从小到大多多少少都会有过说谎的经历，有些人是为了逃避责罚，还有些人说谎是为了保护自己。但不管怎么说，说谎能够影响性格，轻则为人不诚实，重则人格扭曲。

一个人，在说谎时一定会产生羞耻感，知道不应该，然后在说谎之后

感到自责，可见，说谎也是一个自己折磨自己的行为。说谎者有很多理由为谎言辩解，但无论出于什么理由，谎言就是谎言，即便是“善意”的谎言，也是不足取的。

谎言是虚假的，现实生活告诉我们，只要是谎言，最终一定会破灭、败露，最终说谎者会自食恶果。俗话说：“一句谎话十句圆。”意思是说一个谎言需要无数个谎话来“证明”，而事实上是不可能的，这是因为一开始就是谎言。与其这样，不如真实地活，不被谎言所累，做个轻松的人。

心灵箴言

说“我不知道”，也比说谎好。

——马根

说谎话的人所得到的，就只是即使说了真话也没有人相信。

——[古希腊] 伊索

你需要十分小心地对待说谎，否则，几乎可以肯定你会被人抓住。一旦被人抓住，在善良真诚的人看来，你就永远也不再是从前的你了。

——[美] 马克·吐温

一时“糊涂”换来一世幸福

故事话题

在山东莱州的云峰山，有“难得糊涂”四个字非常著名。据说，有一年郑板桥专程至此观郑文公碑，看得流连忘返，直到天黑了，才不得已借宿于山间茅屋。

茅屋里住着一位儒雅老翁，自命“糊涂老人”，是个出语不俗的人。他的室中，陈列了一块方桌般大小的砚台，这个砚台镂刻精良，石质细腻，郑板桥看到后非常叹赏和喜欢。老人便请郑板桥题字以便刻于砚背。

郑板桥是个有心的人，认为老人必有来历，他痛快地题写了“难得糊涂”四字，还用了“康熙秀才雍正举人乾隆进士”的方印。

因砚台大，还留有许多空白，郑板桥建议老先生说应该写一段跋语。老人点了点头，便写了“得美石难，得顽石尤难，由美石而转入顽石更难。美于中，顽于外，藏野人之庐，不入宝贵之门也。”

老人用了一块方印，印上的字是“院试第一，乡试第二，殿试第三。”

郑板桥一看大惊，才知道这位老人果然不凡，原来是一位隐退的官员。有感于“糊涂老人”的命名，见砚背上还有空隙，郑板桥也补写了一段话：“聪明难，糊涂尤难，由聪明而转入糊涂更难。放一著，退一步，当下安心，非图后来报也。”

故事解析

难得糊涂，这好像是郑板桥先生看破红尘的思想境界的体现，难得糊涂，这四个字说起来容易，但真的做到却十分不易。

如何拥有一个美好的人生，说到底，其实重点在活出什么样心境。

有缘而来，无缘而去。做一个洒脱的人，要看淡世间的浮华名利，懂得该来的自然会来，不该来的盼也无用，求也无益。

是有缘，就不要推开，若无缘，也不要强求，让一切随缘，顺其自然。

因为，在我们经常抱怨世界的阴暗面时，也正是给自己内心蒙上灰尘之时。如果这样，不如做一个“糊涂”的人，识自本心，见自本性，不起妄缘，无心无为，自由自在，动静自如……该明白的去明白，不必明白的事情，学会就此放下，不去深究。

内心向往美好，则无可恼之事；内心若十分善良，则无可恨之人；内心若无比简单，世间纷扰就成空。做一个好人，身正心安，多行一些善事，无愧于心又丰富了自己。有人说：“你若不疑，人间不寒；你若不离，世界不远；你若不恨，苍天有暖；你若不语，四海升平。”做一个真正的平静的人，用一颗平和的心态看人间万象。

故事穿越

有一天，孔子的一个学生在门外扫地，这时，从不远处来了一个客人，看到他就问他："你是谁啊？"

学生很自豪地说："我是孔子老先生的弟子！"

客人说："那太好了，我能向你请教你一个问题吗？"

学生很高兴，说："当然可以！"此时，他心想：你大概要出奇怪的问题吧？

怎料，客人只是问："一年到底有几季啊？"

学生心想：这个问题还用问吗？于是很快作答："春、夏、秋、冬，四季。"

客人摇摇头说："不对，一年只有三季。"

学生说："你一定搞错了。分明是四季嘛！"

客人坚定地说："三季！"

最后，两个人因为此题争执不下，就决定打赌：如果是四季，客人向学生磕3个头，如果是三季，学生向客人磕3个头。

孔子的学生认为自己肯定赢定了，于是要带着客人去见老师孔子。正巧这时，孔子正从屋里走出来，学生就上前问道："老师，一年有几个季呀？"

孔子看了一眼客人，说："一年有三季。"

这个学生快吓昏了，可是他不敢马上问。

客人马上说："磕头磕头！"

学生没办法只好乖乖磕了3个头。

故事微语

这个小故事，看似简单，但蕴含深厚的大道理，如果你能够在日常生活中体会并运用，一定会帮你释然很多事情。

有些事，一味地去问清楚，实际上是件很无趣的事情，连上帝都说："人不可太尽，事不可太尽，凡事太尽，缘份势必早尽。"

所以，有时候，"难得糊涂"才是生活的"上道"。

日常生活中，当你看见不讲理的人时，就请不要非与他争个面红耳赤，就好比小故事中那个说有"三个季节"的人，像孔子一样，何必争论？你说三季就三季。在这个世界上，"三季人"实在太多了，然而，越是不懂的人，讲话的声音越是大，越是直接，凡是声音最大的人，往往就是最不懂的人。和一个不懂的人，又有什么争论的必要呢？

庄子说的"夏虫不可以语冰"，也是这个道理，若是跟夏天的虫子讲什么冰？那是你又清醒多少呢？不如随机应变，做一个"糊涂"的人，只有这样，你的内心才最不糊涂。

心灵箴言

聪明了一世，蒙懂在一时。

——冯梦龙

小事不糊涂之谓能，大事不糊涂之谓才。

——司马光

人生往往是复杂的，使复杂的人生简单化，除了暴力就别无他法。

——[日] 芥川龙之介

与心计同行的，是淡淡的痛

故事话题

冬天到了，服装店老板老王的店里还有一批夏装没卖出去，于是，为了不让自己的货物积压，老王在店门口挂上了“跳楼大甩卖”的牌子，准备把存货处理出去。

这天，小伙子来到老王的店里，东看西看后，指着一条裤子说：“老板，把这条拿下来我试试。”

老王急忙取下裤子递给小伙子，小伙子去试衣间穿上裤子，又走到镜子前仔细观察，看到这条裤子穿在身上感觉稍稍小了一些。老王也看到确实小了一点，但是想靠嘴皮子功夫，让小伙子买下。于是，他开始忽悠：“小伙子，你穿这条裤子多合身啊，把你的精神气质都表现出来了，裤子还便宜，要不是清仓甩货，这条裤子能卖100多吗？原来都300多呢，合适！过了这个村可就没这个店了。”

小伙子皱着眉头瞅着裤脚说：“但是，我看着好像短了一点儿啊。”。

老王斩钉截铁地说：“可不短，正合适。如果再长点就拖地了，现在这样子正好。”

小伙子半信半疑，又瞅了瞅裤脚，然后脱下了裤子，说：“有没有大点儿的？”

老王知道这个小伙子是有主见的，对他这套忽悠的手段不在意。然而，这裤子只剩下一条了，没有大号的，老王刚想说没有，但是突然想个招儿，急忙又说：“其他的码在后面呢，我给你找去，你等一下。”

老王拎着裤子就进了里屋，然后把门关好，使劲把裤子抻长拉宽，折腾了好一会，还真变得长了宽了，然后插上电熨斗，一边抻着裤子一边熨烫，一会儿工夫，裤子整个大了一号。

之后，老王得意地拿着裤子出来，然后对小伙子说：“找到了找到了，看看这条行不？”

小伙子这回没试，拿到身前比了比，满意地说：“还真行，那条小号的我穿，这条大号的给我哥，我们哥儿俩一直都穿一样的裤子，你要是只有一条我还真就不买呢。老板，把两条都包起来。”

老王傻了，因为，打死他也变不出另外那条裤子啊……

故事解析

王老板是个急于贩卖积压货的店老板，在他看到小伙子有购买意思后，感到十分庆幸，就连小伙子穿着并不合适，他也不理会，还耍心机，使手段，最终，聪明反被聪明误，没有想到小伙要两条裤子。可是，他又哪里去找第二条裤子呢？

人生说复杂就复杂，甚至可以复杂到让人眼花缭乱的地步，人的大脑每天都在不停地运转……但是，如果你想要简单的人生，也不是一件难事，你要积极去善待身边的每个人，那么，他们回报你的也是如此。要知道：机关终有算尽时，但是人间真挚的感情是永恒的。

每一天都有每一天的人生功课，努力做好今天的功课，不要总想着明天的烦恼，这样才会积极真实地面对人生。

用心计达到目的，然后为此采取不择手段的态度，其实并不是安妥的办法。因为，爱耍心计的人的世界是复杂的，他每说一句话，每迈出一个步伐，都会前思后想，害怕别人也会像他那样，抓住他的小辫子然后大做文章，这样的生活如有重负，最终会被自己累倒。

有一个参加长跑比赛的选手在经过一片沙滩的时候，鞋子里灌满了沙子，他匆匆把鞋子脱下，胡乱地把沙子倒出，便又急忙往前继续跑，可是有一粒沙子仍留在他的鞋子里，在他以后的路程中，那粒沙子磨着他的脚，使他跑一步，痛一步。但是他并没有停下把鞋子脱掉，抖出那粒磨他脚的沙子，而是依然继续向前跑，在离终点不远的地方，因为脚痛难忍，他不得不停下来，最后放弃了比赛。当他忍着揪心的痛把鞋子脱掉时，他发现让自己痛苦并放弃这场比赛的竟然仅仅是一粒沙子。而这粒沙子，就是人们所谓的心机，这个故事也告诉我们，心机太多很可能会聪明反被聪明误。

一粒沙子是渺小的，因此常常被我们所忽略，从这个故事中我们可以了解到，一粒沙子也会让人痛苦万分。很多人为了领悟人生哲理费尽心机，殊不知做人的大道理就在太阳东升西落，草木荣生枯败之间蕴含，只是很多人无暇顾及去体味。

故事穿越

三个旅行者不约而同来到一个旅店住宿。在早上，大家出门的时候，一个旅行者带了一把伞，另一个拿了一根拐杖，而第三个旅行者什么也没有拿。

到了晚上，三人归来，拿伞的旅行者却被淋得满身是水，而拿拐杖的旅行者跌得满身是伤，第三个旅行者，他什么都没拿，但却安然无恙。这让前两个旅行者感到十分纳闷，就问第三个旅行者，说："你什么都没拿，怎么会没事呢？"

第三个旅行者没有直接作出回答，而是反问拿伞的旅行者，说："你为什么会淋湿而没有被摔伤呢？"

拿伞的旅行者说："当大雨来到的时候，我知道我有雨伞，

所以医为不怕雨水就大胆地在雨中行走，也不知怎么的，就被淋湿了。当我走在泥泞的路上时，由于没有拐杖害怕滑到，就走得格外仔细，拣平稳的地方走，就没有摔伤。”

而后，第三个旅行者他又问拿拐杖的旅行者，说：“那你为什么没有被淋湿，而是摔伤了呢？”

拿拐杖的说：“大雨来临的时候，我知道自己没带雨伞，就拣能躲雨的地方走，因此没有被淋湿，可是，当我走在泥泞坎坷的路上时，我便用拐杖拄着走，也不知为什么的，被滑到很多次。”

第三个旅行者听后，哈哈大笑了一会，然后说：“这就是为什么你们拿伞的淋湿了，拿拐杖的跌伤了，而我却安然无恙的原因。不难想象，下大雨的时候，我因为没带伞所以要躲着走，道路泥泞时，我因为没有拐杖而需要细心地走，因此，我没有淋湿，也没有跌伤。而你们的失误就在于，你们因为有可以凭借的东西，就认为可以少些忧患。”

故事微语

这篇看起来很简单的故事，给了我们深刻的启迪。第一个旅行者和第二个旅行者因为有优势，导致他们感到很自信，但最终被自认为的优势所累。这优势，就好比是心计。有心计的人往往认为自己是聪明的，可以想到别人想不到的事情。然而，周围的环境是那么简单，你的心计就被显得那么多余。

有人说："许多时候，我们不是跌倒在自己的缺陷上，而是跌倒在自己的优势上，因为缺陷能给我们以提醒，而优势却常常使我们忘乎所以。"善于耍心计的人便是如此。

我们不妨学习第三个旅行者，淡然处事，处处谨慎，即使没有太多心计，也定会安然归来。

心灵箴言

观其眼神，知其心机。

——[英] 乔·赫伯特

有时忽得惊人句，费尽心机做不成。

——戴复古《论诗十绝》

我们的深思熟虑可能会枉费心机，知识的获得一半靠快取而非慢拾。

——[英] 蒲柏

诚信如风，要如影随形

故事话题

济阴有一个商人，非常不讲信用，还是个吝啬的人。有一天，他去外地经商，在过一条河时不小心翻了船，那时候水流湍急，所幸，他抓住了水中漂浮着的一堆枯枝乱草。这位商人大声呼救，然后拼命挣扎。

这时，不远处的一个渔夫听到了呼救声，赶忙把船划过去营救这位商人。

商人看到有小船驶来，真是高兴极了，顿时产生了获救的希望。但是，河水却越来越汹涌，商人的处境并不好，随时都有被冲走的危险。为了赶紧逃出水中，商人在情急之下就对渔夫大喊道：“我可是济阴的名门富豪，如果你能赶紧救我，我一定会送给你 100 两银子！”

渔夫从没见过那么多钱，听完就使出浑身的力气，赶忙将商人抢救出来，拉到自己的船上。但是，在上岸之后，商人只给了渔夫 10 两银子。

渔夫不解，就说：“你不是答应过给我 100 两银子的吗？可你为什么只给 10 两？”

商人听到渔夫的话后，立刻变了脸色，然后恶狠狠地、不屑地说道：“像你这样的一个渔夫，一天最多能挣几个钱？而现在，这么短时间内你就得到了 10 两银子，还有什么不满意吗？”

渔夫听到商人这样说，非常气愤，但又不好跟他争辩，于是，他低着头，闷闷不乐地走了。

无巧不成书，又过了些日子，那个商人的船在半路上又触礁翻掉了。更巧的是，上次那个渔夫就在附近，但渔夫这次并没有去救商人。

事后，有人问渔夫：“你为什么不去救人呢？”

渔夫答道：“他就是上次答应给我酬金，过后却翻脸不认人，这样不讲诚信的商人，留在世上会坑害更多人。”

故事解析

在这个故事中，渔夫的行为确实也有不妥之处，但促使渔夫这样做的商人，更是自食恶果，他言行不一，失去了诚信，让渔夫认为救这样的人没有价值。

诚信是就是真诚无伪，做人一定要言行一致。孔子曾经说过："人而无信，不知其可。"人如果不讲信用，在社会上就没有立足之地，那么，想有什么作为恐怕太难了。圣人的话的确有道理，一味造假作恶，就像那个专门喊叫"狼来了"的孩子一样，试问：谁又能来相信你，救你呢？如果因为自己的缘故，日后狼真的来了，到时候后悔也来不及了。

所谓"家和万事兴"，如果家无诚信，必然会四分五裂。如果朋友之间无诚信可谈，必然会分道扬镳。如果是一个国家无诚信可谈，就是亡国之兆。

诚信也是一种智慧，诚信的人有一颗纯真的心。诚信的心，是无瑕的。然而，诚信与隐私无关，诚信是以真诚的心与人为善，善待别人，善待自己。人无诚信，就会互相猜忌，尔虞我诈。

故事穿越

早在春秋战国时期，秦国的商鞅在秦孝公的支持下主持变法，那时候，国家之间战争频繁，人心惶惶，秦王为了树立威信，推行改革。

当时，商鞅下令在都城的南门之外，立一根3丈长的木头，然后向民众许诺：如果谁能将这根木头搬到北门，就会赏赐黄金10两。围观的人们虽然很想要赏金，但都不相信如此轻而易举就能办到的事情能得到如此高的赏赐，所以没人肯出手一试。

于是，商鞅为了怂恿民众勇敢地去试一试，就将赏金提高到50两。俗话说："重赏之下必有勇夫。"终于，有人站出来将木头扛到了北门。商鞅立即赏了他50两。

这样一来，商鞅在百姓心中立即树立起了威信，认为他是个说到办到的人。而商鞅接下来的变法就很快在秦国顺利地推广开来。

新法使秦国渐渐强盛，最终统一了中国。

然而，同样在商鞅“立木为信”的地方，在早于此事的400年以前，曾发生过一场令人啼笑皆非的“烽火戏诸侯”的闹剧。

故事微语

一个“立木取信”，一诺千金；一个帝王无信，戏玩“狼来了”的游戏。结果，前者变法取得莫大的成功，最终国强势壮，而后者最终自取其辱，身死国亡。可见，诚信对一个国家的兴衰存亡来说，起着非常重要的作用。对国家都如此，何况是对个人呢？

诚信就是一种能力，这种能力之强大不容忽视，它比其它任何能力都要强百倍。因为，这种能力是一种高尚的人格品行，本身就具备非凡的魅力。

诚信做人，则无往而不克。

无论对于企业也好，个人也罢，诚信都起着举足轻重的作用。

一个人有没有诚信，先要看他是否能实现自己许下过的承诺。要知道，一个人可以轻易许下承诺，但未必能够办到，这种人便不是讲诚信的人，至少，他们在做出承诺之前时是没有经过周全考虑的。

而每个诚信的人，都会许下承诺之前先慎重考虑自己的能力，是否能办到。因为，对于有着一言九鼎、一诺千金的诚信者来说，一次失约、一次迟到都是不诚信的表现。

古人云：“言必信，行必果”，就是对承诺最好的释义。诚信是灯，能够点亮成功之路，做一个守信诚信的人，因为这是做人的基本品质。没有诚信的人，难以获得好朋友，有诚信的人，定会收获人与人之间最美好的情感。

心灵箴言

守信用胜过有名气。

——[美] 罗斯福

对人以诚信，人不欺我；对事以诚信，事无不成。

——冯玉祥

信用就像一面镜子，只要有了裂缝就不能像原来那样连成一片。

——[瑞士] 阿米尔

第三篇

专注于一：在沉静岁月中默默地做好自己

在现实生活中，人们常常会看到这样的情形，那些对学业、工作专心致志的人，最终会通过不懈努力，同时不受外界诱惑的干扰，一点点向既定的目标迈进，最终获得成功。相反，那些好高骛远、见异思迁，耐不住寂寞、经不起诱惑的人，通常会一事无成。无数事实说明，专注是走向成功的一个重要因素。

没有专注，就无法取得成功

故事话题

比尔是一个成功作家，同时是位出色的演说家。他最喜欢在闲暇时间观察鸟类动物。在比尔年轻时，买了一幢新房子，附近草木葱茏，他很喜爱那旦。

在比尔入住后的第一个周末，他就特意在自家后院里装了个喂鸟器。然而，喂鸟器装好的当天下午，有一群松鼠弄倒了喂鸟器，然后里面的食物吃掉了，当时就把小鸟们吓得飞跑了。

这是比尔不想看到的情景，在接下来的两周里，他绞尽脑汁，想出很多办法让松鼠远离那个喂鸟器，但丝毫不起作用。比尔都想使用暴力了！

在万般无奈之下，比尔来到当地一家五金店，然后在那里找到了一种特别的喂鸟器，这种喂鸟器带有铁丝网，叫“防松鼠喂鸟器”，比尔看到这种喂鸟器简直高兴极了。为了保证万无一失，比尔买下它，然后安装在后院里。

在天黑以前，松鼠像往日一样，又一次大摇大摆地光顾了“防松鼠喂鸟器”，然后又将鸟儿吓跑了。

比尔见此状，愤怒地拆下喂鸟器，回到五金店，要求老板给他退货。五金店的老板平静地对比尔说：“请你别着急，我一定会给你退货的，但是，你应该理解，这个世上可没有什么真正的防松鼠喂鸟器。”

比尔听后，感到很惊奇，于是问：“你想告诉我，我们可以把人送到太空基地，可以在几秒钟之内把信息传到全球任何一个地方，但我们最尖端的科学家和工程师都不能设计和制造出一个真正有效的喂鸟器，可以把那种脑子只有豌豆大的啮齿类小动物阻挡在外？你是想告诉我这个吗？”

老板说：“是啊，先生，但是我需要解释清楚，我要问你两个问题。第一个，你平均每天花多少时间让松鼠远离你的喂鸟器？”

比尔想了一下，说：“我也不不太清楚，每天大概是 10～15 分钟的

时间吧。”

老板说：“我猜也是这样的，那么，第二个问题是，你猜那些松鼠每天花多少时间来试图闯入你的喂鸟器呢？”

比尔马上会意，说：“每时每刻吧，只要它是醒着的。”

的确，松鼠只要在不睡觉的时候，几乎把所有的时间都用在寻找食物上。在专一的用心面前，智慧的大脑、优势的体格节节败退。

故事解析

松鼠因为专注，所以能够在没人看管鸟笼的时候随时出击，赶跑鸟儿，吃到食物，而比尔不过是偶尔来看管一下，如果他有松鼠的专注，相比松鼠一定会知难而退。

所谓“专注”，就是集中精力、全神贯注、专心致志。实际上，人们在听到这个词后，并不感到陌生，因为，从小到大，不管是老师还是家长，总是会一直向我们阐述专注的重要性。然而，熟悉并不等于理解，理解也不等于能够做到。

从更深刻的涵义上讲，专注乃是一种精神，更是一种“把每一件事做到最好”“咬定青山不放松，不达目的不罢休”的境界。

想要成就一番事业，实现人生价值，是所有拥有志向的人的追求。然而，在通向成功的道路上，往往会荆棘满地，阻碍成功的因素有很多种。

故事穿越

老王和老曹是一对要好的朋友，他们在退休后经常在一起聊天和游玩。

一个周末，老王和老曹相约来到河边钓鱼，二人分别落坐后开始在那里钓起鱼来。但是，一个上午很快过去了，就看见老王总是有鱼儿上钩，鱼篓里边已经有不下10条鱼在活蹦乱跳了，但是老曹一点收获都没有。

等到下午时，老曹实在是沉不住气了，他快速凑到老王眼前，问道：“你看看，咱们用的都是一样的钓竿和鱼饵，但是，为什么你就能轻松地钓到鱼，但是我连一条也钓不到啊？怎么回事？难道是我坐的位置不好，要不，我们换换位置好吗？”

老王听后，笑了笑，然后点点头。示意可以换个位置。

二人互相换了位置后，又坐下来继续钓鱼。临近黄昏的时候，让老曹没想到的是，老王又钓到了好几条鱼，但是老曹仍然毫无收获。

回家的路上，老曹愁眉不展，他想不明白，自己技术就那么差吗？

老曹问道：“老兄，你究竟有什么诀窍？”

老王看了一眼老曹，笑着说：“不同之处当然有，你是在钓鱼，而我是在垂钓……垂钓和钓鱼在本质上是有区别的。我手持钓竿时，由于心无杂念，非常专注，所以手静，眼也静，鱼看到我的鱼饵时，还以为是沉埃草沫，一定会放心吃下的。但是，你在钓鱼时心浮气躁，一会想怎么钓不到鱼呢？一会又想是不是位置不好？这样一来，鱼儿也就被你的焦躁情绪吓跑了，怎么能钓到呢？”

故事微语

钓鱼最能考验一个人的专注能力，如果你能够像老王一样专注，钓到鱼自然不是难事。但如果你像老曹一样心浮气躁，必然难有收获。虽然说，每个人都有属于自己的美好梦想，并且对于追求的心态和方式也都不会一样，但是，不管怎样，如果你想法再好，如果缺乏专注的心态，心浮气躁去做事，想必结果便是：空耗了光阴和心力，然而最终收获太少。

人生之路始于意，事业有成在乎心。一心一意“专心”去做事的人才能获得成功，专注催化成功，专注收获财富。

专注的人心无旁骛，精神专一，具备不轻易抛弃和放弃的顽强信念，最对追求的目标，往往表现出想要执着去奋斗的心态。它体现了一个人做人处世的态度和风格，有人说：“专注是一种素质，更是一种能力。”

一个专注的人，通常能够将宝贵的时间和精力以及智慧，全部都凝聚在将要做好的那件事情上，这样，才能最大限度地发挥积极性、主动性和创造性，通过一段努力的过程，然后实现自己的目标。

尤其是在遇到诱惑、遭受挫折的时候，他们能够依然勇往直前，直到抵达成功。与此相反，一个人如果心浮气躁、朝三暮四，就不可能集中自己的时间、精力和智慧，干什么事情都只能是虎头蛇尾、半途而废。

缺乏专注的精神，即使立下凌云壮志，也决不会有所收获，正所谓："欲多则心散，心散则志衰，志衰则思不达也。"

心灵箴言

专注、热爱、全心贯注于你所期望的事物上，必有收获。

——[美] 爱默生

只要专注于某一项事业，就一定会作出使自己感到吃惊的成绩来。

——[美] 马克·吐温

人生实在是一本书，内容复杂，分量沉重，值得翻到个人所能翻到的最后一页，而且必须慢慢地翻。

——沈从文

在专注中做到有取有舍

故事话题

有两个禅师是师兄弟，二人均是已经开悟了的人。

师兄弟一起外出行脚，在从前，出家人的肩上会背一根铁制的铲子进行行脚。这个铁铲有两个特别的用处，第一个就是能够随时种植和生产。出家人可以带着一块洋芋，然后将洋芋切成4块，埋在地里，不久之后，洋芋就会长出来，供自己吃饭，这样，出家人就可以有饭吃了。

第二个是，在行脚的路上，如果看到有死了的东西，就用铲子方便埋掉。

两师兄弟在路上忽然看到一个死人，一个人说了句"阿弥陀佛"后，就挖土把他埋掉了；另一个却扬长而去，看都不看。

这件事情被人看到后，感到很不解，就有人去问他们的师父："师傅，您的两个徒弟都开悟了，但是，我在路上看到他们时，他们两个人表现却不一样，一个埋了那死人，另一个则扬长而去，我想问，究竟哪个对呢？"

师父回答说："埋他的是慈悲，而不埋的是解脱。"师父说完后，又进行了进一步解析，说："人死了，最后也是要变成泥巴的，摆在上面变泥巴，摆在下面也变泥巴，都是一样，所以说，埋的是慈悲，不埋的是解脱。换句话说，取也对，舍也对。"

埋也对，不埋也对。《金刚经》有文："法尚应舍，何况非法。"这种大彻大悟很难有人得到，舍得也好，取舍也好，而最高境界恐怕不是你在权衡了各种利弊得失之后，作出的一种判断，而是在你看薄了名利，看薄了自己，看薄了世间一切"法"的程度上，一种随意的"舍"。

这种舍，还是舍弃了你视为珍重的、费尽心力得到的、追求一生的"法"这个层面的东西。的确"舍"掉"取舍"，比你判断后作出的取舍还难。

故事解析

这一则故事讲述了取舍的境界。在取舍之间，彰显了人类的巨大智慧。实际上，取是件费力的事情，而舍更是难事。人在世间，万事万物，因缘而来，缘尽而别，这不是偶然。鱼与熊掌，不可兼得。因为得失不关键，关键是得之所得，失之该失。

因得而失，因失而得，这样才能把握取舍。

在诸多实践告诉我们，进而有道，取而有度，取舍相宜，从容进退，身心无累，快意潇洒。行止何处，随缘随意，不必逞强。但得与失，不在个人；取和舍，尽在造化。得之，不贪；失去，不悲。

人的一生，竞争和惊险是没办法逃避的，人们要贵在坚持和贵在放弃。要懂得适时放弃，然后明智选择，这才是大智慧。人之所以苦恼，都是因为取舍之间的犹疑不决，不要以为取得就是大智大勇，而善于割舍，更为智慧与勇敢。

故事穿越

一个在山村里生活的小孩子，在一次进山割草时，不幸被毒蛇咬伤了脚。小孩子觉得疼痛难忍，但是，医院在远处的小镇上，想要抵达医院，一时半会儿是做不到的。

然而，小孩子做出了让人惊叹的决定，他毫不犹豫地用镰刀割断受伤的脚趾，然后，再忍着巨痛艰难地走到医院。

虽然缺少了一个脚趾，但孩子以短暂的疼痛保住了自己的生命。

故事微语

取舍之道，深入而浅出。对于取舍，鲁迅先生最早在“拿来主义”中作过如此评论：“我们要学会取舍，对于好的东西，诸如西方的先进技术，我们要取，要拿来。对于又好又坏的，我们可以取它好的一面。如鸦片，可送入药房，对于无用的，我们要舍。”

鲁迅先生叮嘱我们学会取舍。在取舍的境界中，气度是非常重要的。想要一种向上的人生，应该舍掉不必要的负荷，舍掉不必要的争吵，舍掉无休止的解释，更要舍掉金钱贪欲和名利。

然而，在人间最难割舍的便是人的生命。

得与失，好像是一对孪生姐妹。在人的一生，取彼舍此，存乎一念。在这一念中，即择优而从之，这则是取舍的基本境界。而至人无己，神人无功，圣人无名的至高境界，肯定唯有把有限的个体融入无限的群体与自然时，才能达到。

生命的世界，取舍为上。一个人，如果可以观古今于须臾，抚四海于一瞬，就更懂得欲多则心散。任何人都要学会遗忘，因为遗忘能帮助你做出一些舍弃，选择淡定，就敢于舍取，学会取舍，就懂得生活，也保持简单心境。

但简单不是无为，而是争取和追寻。

取舍有道，张弛有度，这是人生的最高境界。要懂得时时要做取舍，然后善于取舍，从而得到生活的取舍真谛。

心灵箴言

将欲取之,必先予之。

——孙子

舍得，舍得，有舍才有得。

——《佛经》

有所取必有所舍，有所禁必有所宽。

——苏轼

没有比较，才能专注地做好自己

故事话题

一群青蛙组织了一场攀爬比赛。

青蛙围着铁塔，看谁是到达塔顶的冠军。铁塔高耸入云，老实说，观众中没有谁会相信这些小小的青蛙能到达塔顶。

比赛一开始，群蛙就开始鼓噪：“这太难了，肯定到不了塔顶！”

它们不是给比赛者“加油”，而是在泼“冷水”。听到这些喝倒彩的议论，往上爬的青蛙一个接一个的开始泄气了。

群蛙继续呐喊：“别爬了，别爬了！”“下来吧，下来吧！”……

越来越多的青蛙感到疲惫，一个接一个地退出了比赛。最后，只剩下一只青蛙一个劲地往上爬，一点也没有退却放弃的意思。它费了很大的劲，终于成为唯一的一只到达塔顶的胜利者，成为这次攀爬比赛的冠军。

所有的青蛙都想知道它怎么会攀爬成功的，一个个跑去问它。

结果发现，这只到达塔顶的青蛙是个聋子。

故事解析

不去比较，是一个人内心真正强大的表现。比上不足，比下有余，比上，你比不上，就会产生自卑，比下，你很光彩，就会很炫耀，很势利。其实，活一个本真的自我就很好了，表里如一是成功的一个因素。

像上述故事中的青蛙一样，心无杂念，才能勇往直前。

人的烦恼，很多都是来自于比较，当人在小时候，还在襁褓时，就能运用触觉来“比较”出哪个人对他的疼爱最多。可见，当人一出生，就开始“计较”。在踏入社会以后，朋友之间，会“比较”谁的待遇好；在工作环境中，员工会“计较”老板是否公平；在亲人去世后，甚至要“比较”谁的财产分得多……

有了计较，纷争跟着应运而生。古来像兄弟反目乃至骨肉相残的惨剧，著称者如七国之争、八王之乱等等，莫不是由比较、计较而引起。与其被比较所累，不如释然一些，专注地做好自己，才拥有想要的轻松的人生。

故事穿越

有两位武士不约而同地走入森林里，第一位武士在树下看到金色的盾牌，第二位武士在同一棵树下看到了银色的盾牌。

“这是金盾牌”“这是银盾牌”……

两个人为此争吵不休，气得两人拔出剑来准备一决胜负，两人奇虎相当，整整厮杀了几天都分不出胜负，当两人累得坐在地上喘息时才发现，盾牌的正面是金色反面是银色。

还有一个类似的故事：有一个人在河边钓鱼，他钓了非常多的鱼，但每钓上一条鱼就拿尺量一量。只要比尺大的鱼，他都丢回河里。其他钓客不解地问：“别人都希望钓大鱼，为什么只有你将大鱼都丢回河里呢？”

这人轻松地回答：“因为我家的锅子只有尺这么长，太大的鱼装不下。”

故事微语

从第一个小故事中我们能够看出，原来这是一个双面盾牌，一个坚持己见的人，必将会失去通融性。从而在看清结婚后发现自己之前的坚持是那么没有意义。

人为什么要互相比较，我觉得主要还是虚荣心在作祟，比较到底好不好呢，如果是好朋友，互相比较着共同努力，那么是好事，他可以推动着朋友之间互相成长，互相拉近关系。但实际上，是这种情况会很少的。

从第二个小故事可是看出，不让无穷的欲念攫取己心，“够用就好”也是不错的生活态度。当人们在吃到饱的自助餐厅，毫无忌惮的吞食，那可真是一个可怕的景象。取自己够用的，不必贪求，这也是一个重要的修练。

心灵箴言

走自己的路，让别人去说吧！

——[意] 但丁

快乐不是因为拥有的多而是计较的少。

——李嘉诚

最可怕的敌人，就是没有坚强的信念

——[法] 罗曼·罗兰

再简单的事情也要坚持做好

故事话题

有一个担任撞钟职位的小和尚，他每天都按时去撞钟，但是，即使这样，半年下来住持也是感到很不满意，于是，住持调他到后院担任劈柴挑水的职务，说他不能胜任撞钟一职。

小和尚非常不服气，于是问住持：“难道我撞的钟不准时吗，还是不够响亮？”

老住持耐心地告诉他：“你撞的钟是很准时的，也够响亮，但是，你一直都没发现吗？钟声空泛、疲软，一点感召力都没有，你要知道，钟声是要唤醒沉迷的众生的，但是，我们没有从这钟声里听到这样的声音。”

故事解析

小和尚不过是“做一天和尚撞一天钟”而已，撞钟这件事可谓是再简单不过的了，但却没有引起小和尚的重视。然而，小和尚就是因为这件事情太简单了，而没去花费心思。并没有融入一颗“唤醒众生”的心。从这则故事中可以看到，用心与认真是两种截然不同的做事态度。

再简单的事情也要坚持做好。认真只是照章办事，按照条例标准把工作完成而已，有点机械被动。用心不仅是按照规章办事，还要将规章和规律有机地结合起来，灵活地加以变通运用。对于学生来说，完成作业是认真的反映，但高质量地、合理地、有序地完成作业才是用心的表现。

认真做事是做好一件事的底线，不认真做事绝对做不好一件事。对于已经工作的人来说，认真完成每一个工作中的细节，在完成工作量的基础上还要做到降低能耗，精度提高，缩短工期，体现用心的程度。

故事穿越

章子怡是享誉世界的明星，一次，章子怡拍戏，为了拍摄她站在雪地里等男朋友的情景，她的眼睫毛上面需要有特别小的雪粒，可想而知，这个镜头有多么难拍。因为，人的呼吸是有温度的，想要眼睫毛上的雪粒不溶解，实在太难了，所以怎么拍都拍不好。

直到后来，导演都决定放弃了这个近距离的特写镜头，觉得没办法继续了，但是，章子怡死活都不肯。她希望能够完成这个非常唯美的画面。

为了拍好这个镜头，章子怡屏住了呼吸，然后慢慢地等睫毛上的霜凝结。终于，她的眼睫毛上面挂满了霜！这个难镜头就这样拍好了，导演高兴极了。当所有人都收工的时候，章子怡却站在那里没动，因为她的两只脚在雪地里站得太久已经僵住了。

全国劳模李素丽讲过这样一句话："认真做事只是把事情做对，用心做事才能把事情做好。"章子怡走红不是因为她的侥幸或机遇，而是因为她在用心拍戏。

故事微语

不轻视小事，因为，细节更能彰显魅力。众所周知，美国总统竞选时，每个候选人自己的经历中，任何一点的过错或瑕疵都能够让他付出代价。所以，一个人的名誉和能力要想得到社会公众长久的认同，就一定要持续地在每一件小事上都做到尽职尽责。

只有把小事做细、做全面，做到真正的细致严谨，才有可能在平凡的岗位上创造出不平凡的价值。

海尔集团总裁张瑞敏说："什么是不简单？把每一件简单的事做好就是不简单；什么是不平凡？把每一件平凡的事做好就是不平凡。"

名人，之所以成为名人，其实没有什么特别的原因，他们往往比普通人多注重一些细节问题而已，将再简单的事情都努力做好，做到量的累积，必定就会有质的飞跃。

心灵箴言

小事成就大事，细节成就完美。

——[美] 戴维·帕卡德

故不积跬步，无以至千里；不积小流，无以成江海。

——荀子

千丈之堤，溃于蚁穴，以蝼蚁之穴溃；百尺之室，以突隙之烟焚。

——韩非子

在成长路上不轻易放弃

故事话题

一个农村，村南有片沙岗，沙岗下有片荒地。

荒地在雨水大的日子里，俨然一片汪洋，里面绿草红蒿，轻轻地在水底摇曳。在雨水小的日子里，荒地又变成为一片沙漠，寸草不生，一览无余。

很多人都认为这地死活都好不了了。

但是，只有一个老爷爷却不这样看。他根本不顾家人的劝阻，最初，他在荒地里种下花生，但遗憾的是，花生被淹了。在第二年，大爷又在荒地种下了地瓜，但因为大旱西瓜没有结出来就死了。在第三年，老爷爷又在荒地种下了糜子，终于，收获了。

而今，老爷爷已不再下地劳作，但那片荒地却成了他家固定的垦荒地，使用权划归到他家名下。他用他的行为告诉他的后人四个字：决不放弃！

故事解析

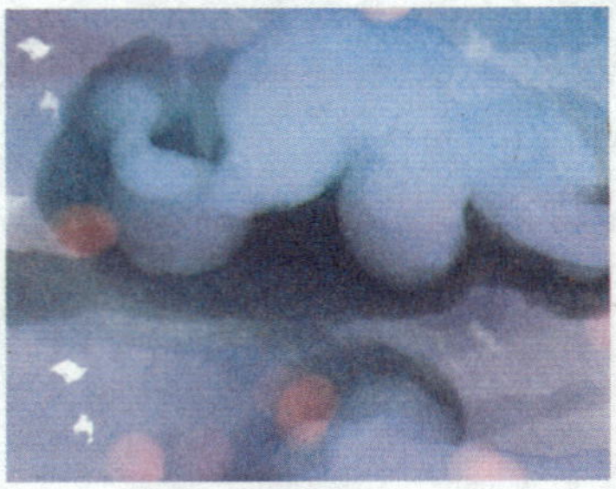

是的，决不放弃。

若是由于长坂坡前的损兵折将，最终选择放弃，就一定不会有后来的三国鼎立；若是由于险象环生、山高洞幽的处境而轻易放弃，就不会有后来的《徐霞客游记》；若是由于雪山草地和各种围追堵截而放弃，就不会有后来的开国盛典；若是由于诺曼底海滩的炮火密集以及血肉横飞，最终选择了放弃，就不会有后来的密苏里号上的欢呼。

“决不放弃”，多么有韧劲的字眼，它挺起了人生的铮铮铁骨和朗朗乾坤！

在 1948 年，丘吉尔应邀到牛津大学作题为“成功秘诀”的演讲。面对台下数万双渴望的眼神，这位二战名将满怀信心地说道：“我的成功秘诀有三个：第一是，决不放弃；第二是，决不、决不放弃；第三是，决不、决不、决不放弃！我的演讲完了”。

台下顿时掌声雷动。

人生最宝贵的东西就是追求不止的信念。“决不放弃”虽然只有 4 个字，却足够我们享用一生。

故事穿越

阿里是一位伟大的拳击手，他的伟大不仅仅是表现在他全面的技术上，还表现在他具备良好的心理素质方面。

有一次，阿里在拳王争霸赛上，与对手打得不分上下、难解难分，两人大战 11 回合仍没有决出胜负，而此时，双方都已经精疲力竭了。阿里深知自己已经快要顶不住了，但是他不想放弃，他告诉自己一定要坚持下去，因为他知道此时对手肯定也没有力气再打下去。

于是，阿里在第十二回合上来就鼓足了劲，他目光如电，他打算用这种方式在心理上压倒对手。结果，对手果然如阿里所预想的那般，被他那股“杀气”所吓倒，当即向裁判示意认输。而当裁判刚宣布阿里获胜的结果时，阿里却倒在了拳击台上，因为他同样早已没有力气了。而最后凶狠的目光，不过是他不想轻易放弃的最后一搏。

故事微语

故事中的阿里，用一个人的最后拼搏，带来了最终的成功。阿里这一次的胜利，在于他没有轻易放弃，而是选择坚持到底。

在生活中，很多时候，成功都只是离我们仅有一步之遥，但是，当我们不想坚持，选择了放弃后，成功就与我们失之交臂了。就好比阿里的对手一样，只能抱憾终生，如果那个对手也能坚持一下，鹿死谁手还是个未知，他不是实力不济，他输掉的是精神。

没有人知道未来会发生什么，也没有人注定会要失败，所以在你遇到困难很难解决时，在你放弃之前，请先尝试。

很多人，他们在遇到一点困难时，就一味地选择放弃，或是逃避不去面对，他们总是认为自己没有能力去解决那些困难。实际上，只要你敢于去尝试，很有可能会收获到意想不到的惊喜。

很多人都是有天资有希望的人，但是真正成功的人却是少数。我们的人生需要尝试，需要这种不轻易放弃的精神。为了取得成功，请不要轻易放弃。

心灵箴言

一个人只要强烈地坚持不懈地追求，他就能达到目的。

——[法] 司汤达

要从容地着手去做一件事，一旦开始，就要坚持到底。

——[古希腊] 比阿斯

无论什么时候，不管遇到什么情况，我绝不允许自己有一点点灰心丧气。

——[美] 爱迪生

第四篇

淡泊名利：以心安为基础过淡然的生活

懂得在平淡中追求丰富多彩，在平淡中感悟健康人生，留一份淡泊给自己，做到宠辱不惊，得失不计，那么，我们就一定能从容看清脚下的路，以超人的勇气和坦然的心态，开创出一片属于自己的崭新天地，自然会拥有一个不同于别人的多彩人生。

名利皆浮云，不必太在意

故事话题

居里夫人和皮埃尔·居里于1895年结婚，那时候，他们很清贫，新房里只有两把椅子，正好两人各一把。皮埃尔·居里认为椅子实在太少了，来个客人都没有地方坐，于是建议多添几把，居里夫人因为想要专注地进行研究，她却说："有椅子是好的，但是，如果客人坐下来不想走了，对咱们的研究并没有益处。为了多一点时间搞研究，还是算了吧！"

要知道，居里夫人不是个吝啬的人，她闻名天下，既不求名也不求利。

她的一生中，一共获得过10项奖金，16种奖章，107个名誉头衔，但她却毫不在意。在她眼里，只有研究才是最重要的。

有一天，她的一位朋友来她家做客，忽然看见她的小女儿正在玩英国皇家学会刚刚颁发给她的金质奖章，于是惊讶地说："夫人呀，得到一枚英国皇家学会的奖章，是极高的荣誉，你怎么能给孩子玩呢？"

居里夫人笑了笑说："我是想让孩子从小就知道，荣誉就像玩具，只能玩玩而已，绝不能看得太重，否则就将一事无成。"

故事解析

淡泊名利，就是要经得住诱惑，能够抛弃各种功名利禄的浮华。在我国四大名著之一中的《红楼梦》中，其开篇就写道："人人都说神仙好、惟有功名忘不了。"清代的纪晓岚也曾指着千帆相竞的江面说："这江上只有两种人，一种是追名的人，一种是逐利的人。"就连儒家大师朱熹也感叹到："世上无如人陷欲，几人到此无误平生。"

其实，在这个世界上，有多少人沽名钓誉，为名而夜不成寐、煞费着心机，甚至食不甘味，更有多少人为了名利铤而走险，丧尽了人格和气

节，仔细想来，这些牺牲真的是不值得的。

贤人诸葛先生说过：“非淡泊无以明志，非宁静无以致远。”太多的事实均证明，如果你是个淡泊名利的人，你的生活会更加精彩。一个人，如果可以笑看人生，他的道路就一定会更加宽阔。

故事穿越

相传，庄子和惠施（惠子）是非常要好的朋友。有一年，惠施在梁国担任宰相一职，庄子想去见见这位多年的好友。而惠子这边听说庄子要来，就有人急忙报告惠子说：“庄子这次来，一定是想取代您的相位啊！”

惠子听到了这句话感到有些恐慌，心里有些怀疑，就问：“有这回事吗？”之后就赶忙派人在国中搜寻了三天三夜，他想阻止庄子前来，但是，却并没有发现庄子的行踪。

然而，有一天，庄子突然从容地来到惠子的官邸，拜见到了惠子。惠子虽然感到很惊讶，但还是很有礼貌地接见了庄子。两个人相互寒暄之后，惠子开门见山地询问庄子：“你这次来访的目的是什么呢？”

庄子实际上也听说了那些谣传，便委婉地说：“老朋友啊，您听说过有这么一个故事吗？”

惠子迷惑不解，问：“什么故事？”

庄子从容道：“南方有只鸟，名叫凤凰。这凤凰展翅而起，从南海飞向北海，非梧桐不栖，非竹子的果子不食，非甜美如醴的泉水不饮。有一次，一只猫头鹰正在津津有味地吃着一只腐烂的老鼠，恰巧凤凰从头顶飞过。猫头鹰急忙护住腐鼠，仰头看着凤凰，愤怒地大喝一声：‘吓！’你也想来吃鼠肉吗？凤凰鄙视着猫头鹰，哈哈大笑，扬长而去。老朋友，现在您也想用您的梁国来‘吓’我吗？”

惠子听后感到十分羞愧，于是无语。

庄子胸怀大志，在他眼里，宰相虽然一人之下，万人之上，是个位高

权重令人仰慕的位子，但在他眼里也不过是一只腐烂的老鼠罢了。

又有一天，庄子正在濮水垂钓，楚王派来两位大夫前来，想要请庄子出任朝廷的命官。两位大夫不敢怠慢，来到河边恭敬地对庄子说："吾王久闻先生贤名，欲以国事相累。深望先生欣然出山，上以为君王分忧，下以为黎民谋福。"

庄子持竿，背对这两个人物，因为出于礼貌，他淡然地问了个问题："我听说楚国有只神龟，被杀死时已三千岁了。楚王珍藏之以竹箱，覆之以锦缎，供奉在庙堂之上。请问二位大夫，此龟是宁愿死后留骨而贵，还是宁愿生时在泥水中摇尾而行呢？"

二位大夫道："自然是愿活着在泥水中摇尾而行啦。"

庄子说："二位大夫请回去吧！我也愿在泥水中曳尾而行呢。"

故事微语

庄子在面对自己人生之路的重大选择时，宁愿选择龟也不选官，这是庄子内心的真实反映。他想要自由地活着，不为功名利禄所动，体现了他超凡脱俗的大智慧中生长出来的自由精神，以及能够坚决拒绝诱惑的惊人内力。

庄子性格放荡不羁，语言幽默、辛辣，是一个颇具大智慧的人。他不为官位所动，愿当一位平凡的人，但又拥有官员都不及的气魄、胆略和眼界。庄子的这种选择，让我们知道精神可以达到的高度是物质望尘莫及的。

庄子的精神是可贵的，他让人们明白，自由的精神世界往往比庸俗的名利场高贵、永恒。而人生中的精神自由比名利权势更为重要，更为宝贵。

心灵箴言

富贵非吾事，归与白鸥盟。

——辛弃疾

静随芳草去，闲逐野云归。

——邵雍《晚步吟》

宁谢汾华而甘淡泊，遗个清名而在乾坤。

——洪应明

有淡泊的心态才能从容的生活

故事话题

陶渊明是个非常清高的人，他十分自律，认为地方官一定要保护一方平安，但也是保护好自己应管辖的区域就足够了，根本不必摧眉折腰事权贵。所以，他从来不会拍上司的马屁。

在陶渊明做了一段时间的县令后，当时就有一个郡里的官员下来检查工作。陶渊明因为工作一直尽职尽责，十分谨慎，所以根本不怕他检查什么。这时候，陶渊明手下的一个小吏见县令没将这件事放在心上，感到非常着急，就提醒他要好好接待上司。

陶渊明听到后却十分恼火，他说："我岂能为五斗米向小人折腰！"于是马上脱下官服，抛却官印，就这样回乡下种田去了。

他在回家种田时，也喜欢和心地素朴的高人为邻。他的《移居》中就有这样的诗篇："昔欲居南村，非为卜其宅。闻多素心人，乐与数晨夕。"

俗话说："物与类聚，人以群分。"陶渊明喜欢与纯朴的人士朝夕相伴。即使居住环境简陋，物质生活并不怎么好，但他的心是淡然的，而他活得也十分惬意美好。

故事解析

淡泊的人生也是一种享受的人生，一个人不见得非要赚很多的钱才可以过上享受的人生，也不见得有了钱就算是有了成就，像陶渊明一样，在一份简朴平淡的生活中，活得快乐而自在，也是一种上乘的人生境界。

淡泊是一种状态，然而，淡泊并不是庸庸碌碌和无所作为，而是不为了功名利禄去不停地伤神，甚至是做出违背道德的事情。有了淡泊的心境，就能坦然面对各种功利的冲击，远离繁杂的纷争，更多地懂得顺势而为，所谓公平竞争，取之有道，得之无愧。

淡泊的心境还能帮助你在面对财色的诱惑时不动心，帮你摆脱世俗的困扰，也不为患得患失而感到沮丧。这样的你，自然会活得坦然自得，宽朗博识，静心干好自己的事业。你的世界会因去芜剔繁而变得月白风清，天高海阔。

故事穿越

清代有个江南总督叫张伯行，他是自戒自律的楷模。他在家门口自题一匾，上书“一丝一粒，我之名节；一分一毫，民之脂膏；宽一文，民得益不止一分；取一文，我为人不值一文。”

每天早晨起来，他都要对题文吟诵三遍以自勉，为官数载，以清廉而深得百姓爱戴。

张伯行是个被人称颂的难得的好官，他总是能够保持清醒的头脑，然后用淡泊的心境去面对纷纭的人和事。面对浮躁和拜金拜官热潮，他总是退而避之，不去参与其中，一心做为百姓办事的好官。他在面对享乐思潮以及各种诱惑时，还能处之若泰。

他不为名利得失所困扰，一心一意摆准自己位置，当好自己的官，干好自己的事。

故事微语

淡泊是一种心态，更是一种难得的好品格。淡泊追求的是人生的最高境界。淡泊的人会懂得，在许多情况下，失去本身也是一种得到，而得到也是另一种意义上的失去。更知道，有些时候，得非好得，失非坏失。有所求而亦无所求，耐得繁华又耐得寂寞。

看淡名利得失，不必刻意去追求权势，在恬淡中，更能够感受到生活的充实，在淡泊中获得永恒的宁静，在从容淡定中体味一种和谐与韵律。

从另一种意义上说，淡泊更是一种信仰，公而忘私的人甘于淡泊，敬业奉献的人懂得淡泊，节操高洁的人向往淡泊。

心灵箴言

少欲则心静，心静则事简。

——薛宣《读书录》

胸怀广大，须从平淡二字用功。

——蔡锷

谁知将相王侯外，别有优游快活人。

——白居易

知足常乐为亘古不变的道理

故事话题

在一次重要的战役中，拿破仑的 4 名军官立下了显赫军功，拿破仑高兴之余，决定好好奖赏他们，于是说：“你们有什么愿望尽管提，我会无条件地满足你们。”

来自德国的军官说：“我想拥有巴黎的一栋大房子。”

拿破仑回答：“行，你会得到巴黎的一栋大房子。”

来自法国的军官说：“我一直渴望能开一家旅馆。”

拿破仑痛快地答应：“好，你会得到一家高级旅馆。”

来自波兰的军官说：“我一直想开一家酿酒厂。”

拿破仑答应了，说：“批准，我就给你一家酿酒厂。”

到了第四个军官，拿破仑问道：“你想要什么呢？”

军官回答：“请您批准我休假半个月。”

拿破仑听后有些疑惑，但还是开心地说：“你的假期从今天开始。”

而这第四位军官，他是一位犹太人，当人们都认为犹太人有商业头脑时，认为他一定会要个可以经营的工厂之类，但他竟然只是要了半个月的假期，所以大家都认为他错失了一个良机。

而这位犹太军官可不这样想，他说：“领袖日理万机，他只能命令他的秘书去兑现承诺，然而秘书也忙得分身乏术，他会把任务交给同样忙得屁股冒烟的助手去办。就这样，皇上的命令一级一级下传，折腾个一年半载，最后就会不了了之。战事频繁，我们今天的胜利，转眼就成明日黄花。你们应让皇上作出他马上能兑现的承诺，那最实在。”

说完，这位军官哼着小调，愉快地度假去了。

故事解析

自古以来，人生最高的境界莫过于知足常乐了。知足常乐，人生几何。

享受知足常乐的人，能够获得一种轻松又实在的幸福感。因为，它不会受到任何枷锁的限制，还能远离那些冷冰冰的权场斗争。就像小草一样，会因为偶尔的阳光沐浴，就会高兴好一阵子，即使那种温暖看起来是那么轻易得到。因为，小草没有想要太多，仅仅是阳光，也让它满足，但如果，它又得到了风儿的爱抚，鸟儿的赞颂，鲜花也会为它展示最美的一面，那么，它的一生该是多么幸福！

当然，人难免会有贪欲，但在关键时刻把持住自己，不为了贪欲而肆意为之才好。懂得抓住身边的幸福，而不去为了遥远的浮华而错失太多美好，人生才不会遗憾。因为，人只要懂得知足了，才会像小草一样，觉得自己是幸福的。

故事穿越

听说，张果老在成仙以后每天都在民间寻访度化。有一天，他来到一个村口，看见一对年老的夫妇正在摆摊卖水。他有些好奇，就走上前去，借买水的时机跟老夫妻搭话。

张果老询问他们的日子过得怎么样？老夫妻笑了笑，表示生活得很贫困。张果老又问他们有什么愿望，老夫妻表示，如果能开个酒店卖酒日子就好过了。

张果老听了他们的愿望，就告诉他们说："在你们村旁的山顶上，有一块形状非常像猴儿的石头，就在那个石头旁边就有3个泉眼。你们明天过去，将3个泉眼上的灰尘弄开，泉眼就会自动流出有酒味的水来。"然后，又送给他们一个葫芦，说把这个葫芦装满就可以了。

老夫妻听了张果老的话，爬上山去，然后找到了那块石头并打扫净了泉眼。果然！不一会就有水流了出来。老头舀了一点，然后尝尝，还真的是酒味。于是大喜，装了一葫芦就回去卖了，恰好能卖一天。

就这样，两个老人天天上山装酒回来卖，日子也逐渐富裕起来。直到一年过去了，张果老又来到这个地方。

他找到那两个老夫妻，问日子过得怎么样了，老夫妻说："自从听了您的话，我们找到酒，日子还过得颇好。但是，要是有酒糟就好了，就能喂猪了。”

张果老听后，摇头叹息起来，于是念出一绝：“天高不算高，人心比天高。清水当酒卖，还嫌没有糟”，飘飘然去了。

从此以后，山上的泉眼就枯涸了，再也没有水酒涌出来了。

故事微语

知足常乐谓智，贪得无厌谓愚。对于太过贪婪的人，他们无疑会陷在欲望的深渊里，然后受痛苦的煎熬。因为，贪婪越多，失去的也就越多。

在现实生活中，人们通常在面对诱惑时感到游移不定，不能清楚自己到底需要什么，什么才是最重要的。有些人，会为了一时的贪欲失去很多宝贵的东西，然后又在失去之后怅然若失，后悔不已。所以，产生一些“不幸”的人。

生活的乐趣不在于你拥有多少，而是你要求多少，所以，想要得到满足，拥有的东西可以很多，也可以很少。这要看你的知足度是多少。有懂得知足常乐的人，才能真正享受生活的喜悦。

一生中，要拥有些什么才算是开心的人生呢？真正的快乐不过是心灵上的满足。知足常乐的人，可以保持内心的纯净，感受到生活的美好。

心灵箴言

幸福的最大障碍就是期待过多的幸福。

——[法] 丰特奈尔

知足常足，终身不辱；知止常止，终身不耻。

——老子

贪心好比一个套结，把人的心越套越紧，结果把理智闭塞了。

——[法] 巴尔扎克

不要求完美，只要求尽心尽力

故事话题

一个人单身了半辈子，快 50 岁时终于遇到了理想的人，然后结了婚。新娘跟他的年龄差不多，是个徐娘半老，但是一副风韵犹存的样子。他的朋友知道他要结婚后，都窃窃私语地议论道：“那女人以前好像是个演员，已经嫁过两任丈夫了，后来都离了，现在也不红了，算是个剩下的吧！”

话说得很不好听，不久后，就传到了他的耳里。有一天，他跟一个邻居出去，一边开车，一边笑道：“我这个人，在年轻的时候就希望能开个奔驰，但是没钱，根本买不起。但是现在啊，依旧买不起，只买了辆三手车。”

他开的车确实是辆年纪不小的奔驰车。邻居左右看着说：“三手的？看来很不错啊！马力也好。”

他大笑了起来，说：“是啊，旧车也挺好？就好像我太太，最开始嫁了个四川人，之后又嫁了个上海人，还在演艺圈待了 20 多年，其实，她大大小小的场面确实见不少了，但现在老了，心也收了，放弃了浮华气和娇气，能够做一手四川菜和上海菜，懂得持家。其实，我很庆幸，在她最完美的时候嫁给我了。”

故事解析

不完美，正是一种完美。这位 50 岁的人遇上了理想的另一半，即使这个另一半在他人眼里是个已经嫁过两个人的半老徐娘。但是，正是因为她经历过很多，才能不断完善自己，逐渐成为一个“完美”的人。

能看得惯残缺，是一种豁达和成熟的表现，更是一种人生的境界。没有残缺，何来完美呢?

如果你想要获得更加轻松的生活，就一定要努力不去苛求生活中的琐碎小事，追求完美可以，但不能苛求完美。因为，任何人，任何事都不可能是完美无缺的。越是能够接受这一事实，就越能拥有轻松的心态。

但生活中，不顺心、不满意的事情实在太多了，关键是你如何去看待它们。

故事穿越

一次，小李去一位朋友家玩。朋友家住的居民区是清一色的独门小院，院墙十分低矮。小李家的左右邻居的墙头上，都隐藏着碎玻璃瓶碴，在温暖的阳光照射下，它们发出凛凛的寒光。但是，唯独朋友的院墙上没有寒光，而是很诗意地种着一排纤细的绿草，在风中微微颤动着。

朋友得意地说："我可是花了好大的功夫才种成的，先要在墙头上弄些土，然后精选草籽，洒上草籽后又天天浇水，才弄成这样。"

小李说："玻璃瓶碴确实充满了敌意，看起来也不好看，还是你种植的绿草好看。可是，你的墙头草在梁上君子眼里未免柔有余而力不足，太好欺负了。"

朋友说："那你说我该怎么办？"

小李说："种玫瑰。"

听到这个，大家一起笑起来。然后朋友摇摇头，说："墙头种玫瑰显然不太可能，因为根扎不了那么深。但是，既想要美观，传达美好的人文情怀，又不想被盗，这是不可能的，我只能选其一，想要完美实在太难了。但是，每当我看到这些绿草，心情就会十分舒畅美好，这样就很满足了。"

故事微语

我们就生活在一个并不完美的世界里，但是，我们能够努力修炼出一种尽量完美的生活态度。就好像是故事中的那位朋友一样，尽量和谐地运作它们，就很好。

生活中的琐事实在太多，展现出来的不完美也实在太多，如果你是个苛求完美的人，必然会被完美所累。就好像镜子里的你，如果不喜欢自己某个身体部位，如果你死盯着这些不喜欢，心情自然无法轻松起来，与其这样，你为何不去让自己接受这些不完美呢？你不如做到：无论我有什么缺陷，我都无条件接受，并尽可能喜欢我自己的模样。

接受事实，承认不完美，你会觉得轻松一点，感到真实和舒服，生活的道理也大体如此。

心灵箴言

人没有缺点，只有特性，特性只有加分跟减分。

——余世维

既然太阳也有黑点，“人世间的事情”就更不可能没有缺陷。

——[苏联] 车尔尼雪夫斯基

我们承认我们的缺点，是想用我们的真诚来弥补人们因这些缺点对我们形成的不利看法。

——[法] 拉罗什富科

不为“面子”做不情愿的事

故事话题

有一位中国的MBA留学生，他为了生计，在纽约华尔街附近的一间餐馆打工。有一天，他信心满满地对着餐馆大厨说：“我相信，总有一天，我会打入华尔街的。”

大厨只是投出好奇的眼光，然后问道：“你毕业后有什么打算呢？”

他很流利地回答：“我希望学业一完成，最好马上进入一流的跨国企业工作，不但收入丰厚，而且前途无量。”

大厨听后显然表示不赞同，然后摇摇头说：“我并不是问你的前途，我只是想问问你的工作兴趣以及你的人生兴趣。”

男孩一时无语。因为，这个问题他从来没有想过。

大厨又摇了摇头，然后长叹道：“若是经济继续低迷，餐馆生意不好做，那我就只好去做银行家了。”

男孩惊得目瞪口呆，难道是自己听错了？眼前这个一身油烟味的厨子，怎么会跟银行家沾得上边呢？

大厨笑了笑，然后解释道：“以前，我是在华尔街的一家银行上班，每天早出晚归，披星戴月的，没有时间过自己喜欢的事情。对于烹饪，我一直都很喜欢，家人朋友都喜欢吃我做的菜肴，很赞赏我的厨艺，每次看到他们津津有味地品尝我烧的菜，我就高兴极了。有一天，我在写字楼里忙到凌晨1点钟才完成工作，当我吃着令人讨厌的汉堡包时，我下定决心要辞职，这种生活不是我想要的！我要摆脱这种工作机器般的刻板生活，选择我热爱的烹饪为职业，而现在，我生活得比以前要愉快百倍。”

故事解析

这样的事例，在我国来说并不被大多数人认可，因为，国人在选择职业的时候，第一是要看工作是否体面，第二要看收入，如果两者都还不错的话，就可以在人前人后风光炫耀了。也就是说，好坏都体现在面子上。然而，面子需要人捧，无人喝彩的话就像锦衣夜行般无趣。

对在西方国家的人们来说，任何职业都没有高低贵贱之分，他们更加看重个人对事业的兴趣，以及自我价值的实现，成功与否的体现，不必通过与别人比较来证实，更不需要别人肯定来满足。这一点，确实值得提倡。

每个人都有自己的面子，然而，尊严不等于面子，面子是外表的，是给别人看的，而尊严却是内在的，是留给自己的。面子只是一个虚伪的面具，也是随时可以放下的道具，要知道，有尊严的人一定有面子，但是，有面子的人未必有尊严。

很多时候，如果一味追求面子会让你活得更自在，爱面子其实是一种没有信心的表现，非常容易迷失自己。有句话叫“死要面子活受罪”，从这不难看出，有多少人为了那可怜的面子而使自己遭受痛苦。

故事穿越

秦汉期间的项羽，有个“无颜见江东父老”的典故。项羽百战百胜，但最后一战却是惨败。他一声叹息：“我与江东子弟八千人渡江，今天无一人回去，怎么有面子再去见江东父老呢？”

最后，项羽为了挽回一点“面子”，在自己剩下的残兵败将面前，手持短兵搏杀汉兵百余人，以示自己不是没有本事。最终，更是因为丢了面子而选择自刎。

还有一个类似的故事：

齐国有一位穷酸之人，即使很穷，却有大小两个老婆，他经常对这两个老婆说："经常有贵客请我去赴宴。"并且，他每次都装成酒足饭饱的模样回家。而实际上，他每天都到东门外的一个墓地里，看谁家上坟了，他就毫无廉耻地乞讨剩余的祭品。

每天，他回到家里，总是洋洋自得地在大小老婆面前摆出一副不可一世的样子，丝毫也不感觉惭愧。因为在他看来，这样才算有面子。

故事微语

多少个悲剧和多少种事端的发生，都是源自于爱面子，最终引发了不可收拾的场面。在现实中，为了那一点点的面子，不惜打人甚至犯罪，实在不值得。有些人，为了面子，在结婚时办得极为奢侈，但也因此背负巨大债务，让生活不得轻松。

为了在朋友面前逞面子，不惜花着好多的冤枉钱，多少对结婚的情侣，为了面子，不惜花费重金办一个体面的婚礼，从而使婚后的生活变得如有重负……

面对人生，请不要为面子而活，把面子放在一边，找回一个看淡一切的自己，让自己真正开心地生活，不要去活在别人的眼中。少一些虚荣，多一些实在，理性看待面子。这才是一个良好的人生态度。

心灵箴言

为了面子坚持错误是最没有面子的事情。

——巍巍

只有"不要脸"的人，才会成为成功的人。

——任正非

不要让一个人去守卫他的尊严，而应让他的尊严来守卫他。

——[美] 爱默生

第五篇

轻装向前：放下心灵的重负才能扬尘远行

人往往拥有越多，烦恼就越多。学会放下心灵的各种重负，轻装前行，你会收获更幸福的人生。俗话说得好：“欲壑难填。”人生的道路上，很多人都有贪得无厌的心态，导致因小失大，使自己遗憾终身。只有学会放下，你才能够腾出手来得到自己真正想要的东西。

放弃自卑，迎来全新生活

故事话题

妈妈带着儿子去动物园看大象，儿子看到大象被拴在矮矮的木桩上，脑子里产生了疑问，于是他问妈妈：“妈妈，这么大的象，一定很有力气，可是它为什么不挣断这细细的链子逃跑呢？”

妈妈告诉他：“这头大象刚来到动物园里时，还很小很小呢，当时工作人员就把它拴在这小木桩上。当时，它非常想挣断链子跑出去，但是，因为力气小，每次都失败了，于是就失去了挣脱链子的信心。而现在，它长得很大了，却并不知道现在自己有很大的力量，只要它肯用力挣一下，就能逃出来。但是它却不敢这样想，因为它觉得自己还像小时候那样做不到。”

故事解析

大象低估了自己的能力，对自己极度缺乏信心。这也是一种自卑心理。想要战胜自卑，不能流于口头，必须付诸行动。

从心理学而言，自卑心理是指一种对自己的能力及品质的评价偏低，而产生的不如别人的自我意识。一个人如果长期被过重的自卑心理所笼罩、支配，就会失去自信，影响自身潜在才能和智慧的自我发挥，难以享受成功的欢乐，经常处于郁郁寡欢之中，遇到竞争就甘拜下风，遇到困难就不战而退，失去应有的勇气，失去许多展现自我的机会，可见危害极大。

自卑是成功的敌人，是生命的绞索，似阴影般地遮蔽了阳光与鲜花，也遮住了我们的心灵。它使我们变得胆怯、虚弱，经不住生活的风雨。

故事穿越

在一个风和日丽、阳光明媚的早晨，一位语文老师走进班级对学生说：“同学们，下周开展一项‘我来当老师’的活动，谁想尝试一下，自愿报名。”

老师刚说完，同学们就议论开来，这时，丽丽犹豫了一下，站起来说：“老师，我可以讲吗？”显然，老师感到很意外，但是她仍旧坚定地说：“好！”

讲课那天，丽丽最开始是信心百倍地走上讲台。但是，有些同学冲着她嘻笑，丽丽一下子额头就冒汗了，双眼都不敢直视他们，磕磕巴巴地说：“同，同学们……我……”

同学们一听丽丽结巴了，立刻哄笑起来，丽丽的眼泪都快流出来了。

然而，就在这时，老师向丽丽传递充满期待和信任的眼神，于是，丽丽鼓足勇气，告诉自己：“我能行！”

“同学们，今天我们来学习……”渐渐地，丽丽慢慢克服了心理障碍，说话变得顺畅起来。而同学们也都安静下来，认真听着丽丽讲的课。

丽丽越讲越顺畅，最后，连自己都感到惊讶：我哪来这样好的口才？

课程很快就结束了，而同学们爆发出了热烈的掌声，丽丽也在这掌声中陶醉了……

原来，丽丽原本是个非常自卑的孩子，平时连话都不敢说，而老师的用意，就是希望她能够走出自卑，因为老师认为她其实是个很聪明的人，只是自己不相信自己而已。

故事微语

世上无难事，只怕有心人。那些有自卑心理的人，请你大声地对自卑说："不！"别让消极的思想影响你原本应该很好的情绪，甚至影响你的未来。

努力摆脱自卑心理，让灿烂的阳光包围着你，这样，你会少很多烦恼和忧伤，而生活就应该如此。

无论是自卑还是自信，都源于你对自己的认知以及对周围世界的感知。任何人，都要勇敢地倾听自己的内心，不要因为外面的世界而慌乱了手脚。消除自卑，找回自信，是一件非常重要的事情！自信最终还是来源于强大的内心，而人若想强大，更需要不断地磨练和一个优秀的品质。

心灵箴言

由于痛苦而将自己看得太低就是自卑。

——[荷] 斯宾诺莎

憎恨自己和轻视自己是人类特有的疾病。

——[法] 蒙田

最大的骄傲与最大的自卑都表示心灵的最软弱无力。

——[荷] 斯宾诺莎

懂得放下那些不该执着的

故事话题

在一座山上，有一座古庙。庙里有一个老和尚和一个小和尚。

有一次，老和尚带着小和尚下山化缘，在路过一条小河时，看到河水湍急。在河边，有一女子正在发愁，不知道如何过河。

就在这时，老和尚毫不犹豫地将女子背了过去。但是，小和尚看到老和尚的行为竟吓得说不出话来。过河之后，两个人继续前行，刚走了一会，小和尚实在忍不住了，便问老和尚为何要背女子过河！

老和尚笑了笑，说："你看，我只是将她背过河就放下了，但是你却背了20里还没有放下呢！"

故事解析

在佛教中，“放下”不是什么都不要的意思，而是说想要什么东西，到底要多少？正如利奥·罗斯顿说过：“你的身躯很庞大，但是你的生命需要的仅仅是一颗心脏。多余的脂肪会压迫人的心脏，多余的财富会拖累人的心灵，多余的追逐、多余的幻想只会增加一个人生命的负担。”

人生苦短，只有懂得放下的人，才能享受真正的人生快乐。

人生的一切烦恼，归根到底就是不懂得放下，让身体或是心灵负着沉重的包袱，因而生活也变得越来越累，越来越辛苦。所谓：“智者无为，愚人自缚。”人通常会在无意中就给自己的心灵套上枷锁，徒增压力。

所以说，“放下”不仅是一种解脱的心态，还是一种清醒的智慧。不管你身处何种境遇，请学会放下包袱，让自己豁然开朗，欣赏云开雾散后的阳光灿烂。

故事穿越

释迦牟尼佛在世的时候，有一位婆罗门两手各拿了一大朵花前来献佛，佛陀大声地对婆罗门说："放下！"

婆罗门听从指教，将左手拿的那个花朵放下。

佛陀又说："放下！"

婆罗门将右手的花朵也放下了。

佛陀又说："放下！"

这个婆罗门无奈地回答："我已经两手空空，没有什么东西可以再放下了，为何还要我放下？"佛陀听了他的话说："我的本意并不是让你放下手中的花朵，而是让你放下六根、六尘和六识。只有当你将这些都放下时，才能从生死轮回中解脱出来。"

故事微语

在漫漫人生路途上，人们需要学会放弃沉重的欲望以及过度的需求，将不必要的执着舍弃掉，还自己一片纯净的天空。只有懂得放下自我的人，才可以真正体会到人生的真谛。

对于放下，很多人有不同的看法。

放下显示出一种智慧，在为人处世时，该放就放，该断就断，这样

才能不因小失大。放下，是一种随其自然的心态，人生总是在取舍之间徘徊，在面对不同的选择时，学会放下，懂得满足，就获得了通向成功的阶梯。人只有放下在生活中那些不必要的东西，才能迈出洒脱的一步，活出自我的风采。

忧虑来自内心，一切的烦恼都来源于自身。人生路上会遭遇到许多不幸，挫折，失败，打击，痛苦，孤独等，当你放下这一切时，心灵就会得到解脱，该放不放，必是大患。

然而，放下不代表放弃，只有懂得衡量事物间的利弊得失，不必太过强求自己和委屈自己。如果一味地追求不属于自己的东西，不但会迷失自我，还会徒增很多烦恼。可见放下是为了更好地选择。

我们都是常人，人生不如意之事十之八九，不管昨天你是成功还是失败，都已成为历史，不能成为最终的决定因素。因此，不要沉溺于过去，把过去的一切都放下，卸下心头的包袱，才能更好地重新开始新的生活。

心灵箴言

得之，我幸；不得，我命。

——徐志摩

当你紧握双手，里面什么也没有；当你打开双手，世界就在你手中。

——《卧虎藏龙》

一切都是暂时的，一切都会消逝。一切逝去的，都会变成美好的回忆。

——[苏联] 普希金

心态积极，一切问题迎刃而解

故事话题

古时，有一位国王，他在一个睡梦中看到山倒了，河水干枯了，美丽的花儿也谢了，便叫王后给他解梦。

王后说："这恐怕预示着不好的事情要到来了！山倒了指山河要倒；水枯了指民众离心，君是船，民是水，水枯了，船也不能行了；花谢了指好景不长了。"

国王听后吓出一身冷汗，从此患了重病，且愈来愈重。

后来，一位大臣要参见国王，国王很无奈，在病榻上说出他的烦心事，哪知大臣一听，哈哈大笑起来，然后说："太好了！山倒了指从此天下升平；水枯指真龙现身，国王，你是真龙天子；花谢了，花谢见果子呀！"

国王听后全身轻松，很快痊愈了。

故事解析

美国成功学学者拿破仑·希尔关于心态的意义说过这样一段话："人与人之间只有很小的差异，但是这种很小的差异却造成了巨大的差异！很小的差异就是所具备的心态是积极的还是消极的，巨大的差异就是成功和失败。"

可见，一个人在面对失败时所持的心态能够决定他日后一生的命运。

积极的心态，能够帮助人们克服困难，让人看到希望，从而拥有旺盛

斗志去进取。消极的心态使人沮丧，对面对生活时，通常会聚集很多抱怨，行动不前，既限制也抹杀自己的潜能。

积极的心态还能创造美好的人生，而消极的心态只能是消耗美好的人生。积极的心态是成功的出发点，是生命的阳光和雨露，让人的心灵成为一只翱翔的雄鹰。消极的心态是失败的源泉，让人受制于自我设置的某种阴影。

所以，任何人都需要积极的心态，希望把美梦变成现实。

故事穿越

一头驴子掉进了一口枯井，它哀怜地叫喊求救，期待主人把它救出来。驴子的主人召集了数位亲邻出谋划策，还是想不出好的办法搭救驴子。大家一致认定，反正驴子已经老了，况且这口枯井早晚也是要填上的。

于是人们拿起铲子，开始填井。当第一铲土壤落到枯井时，驴子叫得更恐怖了，它显然明白了主人的意图。

当又一铲土壤落到枯井中，驴子出乎意料地安静了。

人们发现，此后每一铲土壤落到它背上的时候，驴子没有哀叫求助和一味地抱怨主人，而是冷静地在做一件令人惊奇的事情，它努力抖落背上的土壤，踩在脚下，把自己垫高一点。人们不断把土壤往枯井里铲，驴子也就不停地抖落身上的土，使自己再升高一点。就这样，驴子慢慢地升到枯井口，在旁人惊奇的目光中，潇洒地走出了枯井。

故事微语

在挫折和不幸，甚至是在灾难降临的时候，人们最好不要被悲观的心态所俘虏。努力把握好自己的心态，只有这样，才能留住美丽而安宁的精神世界。

面对困境时，心态是决定我们成功或失败的关键。因此，我们应该像那头驴学习，在困境面前，没有自暴自弃，而是以乐观的心态分析情势，运用自己的聪明，通过自己的行动来改变现实，这才是真正明智的做法。

当我们陷进困境时，以积极心态面对，从恐慌、痛苦中摆脱出来，就能寻求到自救的办法。乐观的心态，有助于改变现状，摆脱困境；而悲观的心态，于事无补，使结果更加恶化。

心灵箴言

生活，就应当努力使之美好起来。

——[苏联] 列夫·托尔斯泰

我相信过，如果怀着愉快的心情谈起悲伤的事情，悲伤就会烟消云散。

——[苏联] 高尔基

少年时代的我始终为此有些自卑，觉得在这个世界上自己可谓特殊存在，别人理直气壮地拥有的东西自己却没有。

——[日] 村上春树

做个胸怀宽广的人

故事话题

日本国有一位法号白隐的禅师，他修行高深，声名远扬。白隐禅师的生活十分清静，极受百姓的敬仰与称赞。

白隐禅师所在的寺院附近住着一户人家，这户人家有一个长相俊俏的女儿。忽然有一天，这家的夫妻发现自己的女儿肚子大了起来，这让他们特别的生气，心想：好好的一个黄花闺女，竟然出了这么见不得人的事！

起初，不管父母如何追问，她都不肯说出那个男人是谁，到最后，在父母的威逼下，女孩终于说出了“白隐”两个字。两夫妻怒发冲冠，气势汹汹地找到白隐，然后狠狠地将白隐禅师痛骂了一顿。

自始至终，白隐都没有生气的意思，只是若无其事地说道：“就是这样吗？”

就这样，孩子一出生后，女孩的父母就把孩子交给白隐了。但是，这件事给白隐带来了极坏的影响，让他名声扫地。即便这样，白隐都没有放弃孩子，而是非常细心地照顾那个孩子。为了孩子，他四处乞求婴儿所需

的奶水和其他用品，遭到了不少的白眼和羞辱，但他总是能够泰然处之。

就这样，在白隐禅师的精心呵护下，孩子慢慢长大了。看见自己的孩子这么可爱，这位孩子的妈妈终于忍受不了良心的谴责，向她的父母说出了事情的真相。

原来，孩子的生父根本不是白隐，而是一位年轻的卡车司机。此刻，她的父母一想起当初对待白隐禅师的那种态度，就觉得非常羞愧不安。于是，他们一家人便匆匆赶到寺院向白隐禅师道歉，请求他的原谅，并要求带走孩子，为他挽回声誉。

白隐禅师还是像当初那样，淡然如水，没有责备也没有安抚，只是说了句：“就是这样嘛？”仿佛不曾发生过什么。

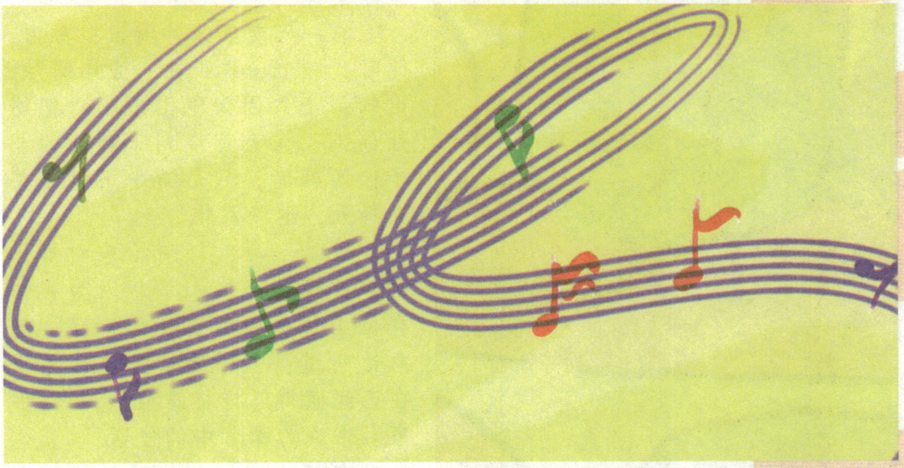

故事解析

同白隐禅师相比，很多人所遇到的那些挫折又算得了什么呢？ 为人处事，如果能够像白隐那样心存善念，胸怀坦荡，很多矛盾都能够轻松化解，而人际关系也会因此和谐，所有的不如意在短时间内都会变得顺心。这样，快乐就能永远环绕在你的周围。

胸怀宽广做人，就应该努力做到恬淡和从容。

世界上最广阔的是人的胞怀，胸怀能够无所不容，然而，在这个世界上最狭隘的也是胸怀……胸怀宽广之人，他们是那么博爱无边，乐观向上，懂得理解他人；心胸狭隘的人，他们往往是那样悲观和自私。

人生如曲，有时高昂，有时低沉。在顺心的日子里，不妨好好保持那份恬淡，在不顺心的时候，也要执着一份从容。

故事穿越

北宋三朝宰相有一位叫韩琦的人，他心胸宽广，性情深厚纯朴，待人宽宏大量，所以人们都尊称他为“韩公”。

韩琦在担任元帅时，总是有大量的事情等着他去处理，他经常要秉烛工作。

有一天夜里，韩琦正在写信，此时，一个士兵正在一旁端蜡烛，谁知，士兵因为犯困不小心把蜡烛弄倒了，火都烧到了韩琦的胡子！而韩琦，只是随手用袖子将火扑灭，继续写信。

过了一会，韩琦抬头看那士兵，发现已经换人了。因为害怕那位士兵会遭到长官的责骂，就急忙叫道：“不要换掉他，他现在已经懂得怎样持蜡烛了。”这件事后来成为军营中的佳话。

在韩琦家里，收藏了两只玉杯，玉杯做工极其精巧，堪称“稀世之宝”，韩琦特别喜欢这两只玉杯，在茶余饭后，总是拿出来赏玩。

一天，一位朋友到韩琦家来玩，也想观赏一下玉杯，韩琦就叫人把玉杯取来，朋友观看。朋友对玉杯赞赏不已。就在这时，一个仆人不小心碰了一下桌子，将两只玉杯摔得粉碎，这一突发事件让所有人都惊呆了。

仆人吓得脸都青了，赶忙跪倒在地上，然后捧起碎片，泪如雨下。

韩琦并没有责备仆人，而只是笑着对朋友说：“凡是物品都有毁坏的时候，只可惜玉杯坏了大家再也不能赏玩了。”说罢，他转身扶起佣人，说：“你只是偶然失手，并不是故意为之，我不会责怪你的。”

看到这一幕，所有的人都不由对韩琦宽大的胸怀肃然起敬，朋友也激动地站起身，对韩琦抱拳说：“韩公真是一个心胸宽广的人啊。”

故事微语

“世界上最宽阔的是海洋，比海洋更宽阔的是天空，比天空更宽阔的是人的心灵。”这是经常被人们传诵的一句话。

一个人的宽容是一种美德，一个人的胸怀是表现这个人品质的体现。

宽容是一种美。在生活中，谁都会遇上不开心的事，这时候，如果你过于斤斤计较，为了一点不开心就整天愁眉苦脸，是非常不值得的。刘少奇说过：“我们应该注意自己，不用语言去伤害别的同志，但是，当别人用语言来伤害你的时候，也应该承受得起”。

将军肩上能跑马，宰相肚里能撑船。有远大的理想抱负的人，通常是个胸怀开阔的人，朱德爷爷说：“我们共产党人的胸襟要广阔，气量要宏大，要求自己要比要求别人更严格一些，有功显贵群众，有过勇于担当”。他的这一席话，使中国人民有了良好道德品质的标准，使中国共产党人永远活在人民心中。

心胸宽阔，就会化戾气为祥和。让我们多一份善意的宽容，人生会更美好。

心灵箴言

一个伟大的人有两颗心：一颗心流血，一颗心宽容。

——[美] 纪伯伦

心胸开阔：不要为令人不快的区区琐事而心烦意乱，悲观失望。

——[美] 富兰克林

在这个世界上想有所成就的话，我们需要的是豁达大度，心胸开阔。我一向主张做人要宽宏大量，通情达理。

——[美] 辛克莱·刘易斯

给别人台阶下也是给自己铺路

故事话题

古时，一个人在朝为官，有一天，他突然接到一封来自老家的书信。折开一看，原来是自己的家人和邻居发生了争执。起因是隔开两家院子的墙塌了，需要重新砌墙，但是这时，两家都想多占些地皮，所以双方互不相让，而家人写信的目的，就是请他出面说话，以便让邻居退缩。

不久，官员的家人收到了盼望已久的回信，里面却只有一首打油诗：

千里家书只为打墙，让他三尺又何妨。万里长城今犹在，不见当年秦始皇。

家人看后就明白了其中的道理，于是主动往后退三尺。邻居看到后，也不甘落后，也往后退三尺，于是中间出现了一条六尺巷。

故事解析

其实，很多事情，不必为一时的利益就争得面红耳赤，不妨像那个官员一样，大度一些，退让一些，自己轻松不说，还会收获到更多美好的东西。这样，你的人生也会因此变得多姿多彩。善于交往的人往往都会这样不动声色地让对方摆脱窘境。

在相处时，应该多试着欣赏别人，发现别人的好的方面，这样，别人才会看到你的可爱。懂得爱人，人才会爱你，懂得给别人台阶下，别人也一定会感激你。

有时候，在任何场所相交不同的人，没有必要过多地去挖苦别人，犀利的话语彰显的不是别人的弱点，只会更加显示出来你的人格的渺小。所以，说话或是做事时，学着给人台阶下，也相当于给自己留下了台阶。

故事穿越

一位外国客人在一家饭店请客，他想请 10 个人吃饭，只要了 3 瓶酒。但是，饭店女服务员凭借经验知道，10 个人 5 道菜，至少需要 5 瓶酒。她观察了一下这个客人，猜到他可能手头不是很宽裕，于是，她不露声色地亲自帮助这个外国客人，给他的朋友们斟酒。

5 道菜过后，客人们酒杯里的酒还满着。

这位外国人在朋友们面前保住了面子，所以对服务员特别感激，临走时，还表示下次一定要再来这里。

故事微语

服务员通过细心观察，知道了这个客人手头不宽裕，又想帮助客人把他的朋友们招待好，这样，既给了对方台阶下，又达到了目的，于是双方都感到很愉快。给别人台阶下是为了给对方留点面子，不伤害对方的自尊，因此你在给别人提供台阶时要做到不露声色，不使在场的旁人甚至当事人自己觉察。

赠人玫瑰，手有余香，同样的道理，做人也是如此。

人与人的相处，如果你是个懂得他人笑容背后的悲伤、怒火里掩藏的善意、沉默之下的原因，那么，可以肯定的是：这种人非常值得你去深交。这样的人往往会给他人留有台阶，站在他人的角度上考虑问题，这是十分有必要的。

心灵箴言

有福不可享尽，有势不可使尽。

——曾国藩

今天倒运的人，也许明天走运，所以一个精明的外交家总是给未来留下余地的。

——[法] 罗曼·罗兰

古人云：话不可说尽，事不可做尽，莫扯满篷风，常留转身地，弓太满则折，月太满则亏。可悟也！

——石成金

心灵榜样微史话

郑板桥

郑板桥（1693—1765），字克柔，号理庵，又号板桥，人称板桥先生。清代画家、文学家。名燮，字克柔，汉族，江苏兴化人。康熙秀才、雍正举人、乾隆元年进士。一生主要客居扬州，以卖画为生。“扬州八怪”之一。

郑板桥的先祖于明洪武苏州阊门迁居泰州兴化城内至汪头，至郑板桥已是第十四代。父亲郑之本，字立庵，号梦阳，廪生，郑板桥品学兼优，家居授徒，受业者先后达数百余人。

他的一生可以分为“读书、教书”、卖画扬州、“中举人、进士”及宦游、作吏山东和再次卖画扬州五个阶段。

1732 年，郑板桥 40 岁，是年秋，赴南京参加乡试，中举人，作《得南捷音》诗。为求深造，赴镇江焦山读书。现焦山别峰庵有郑板桥手书木刻 对联“室雅何须大，花香不在多”。

1736 年，乾隆元年，郑板桥 44 岁，在北京，参加礼部会试，中贡士，5 月，于太和殿前丹墀参加殿试，中二甲第 88 名进士。1737 年，郑板桥 45 岁，滞留北京 1 年左右，以图仕进，未果，南归扬州，得江西程羽宸资助，娶饶氏。乳母费氏卒。

郑板桥的诗、书、画均旷世独立，世称“三绝”，擅画兰、竹、石、松、菊等植物，其中画竹已五十余年，成就最为突出。著有《板桥全集》。

陶渊明

陶渊明（约 365—427），字元亮，又名潜，号五柳先生，世称靖节先生，汉族，浔阳柴桑（今江西省九江市）人。东晋末期南朝宋初期诗人、文学家、辞赋家、散文家。

曾做过几年小官，后因厌烦官场辞官回家，从此隐居，田园生活是陶渊明诗的主要题材，相关作品有《饮酒》《归园田居》《桃花源记》《五柳先生传》《归去来兮辞》等，田园诗派创始人。

陶渊明少年时期有“猛志逸四海，骞翮思远翥”（《杂诗》）的大志，孝武帝太元十八年（393 年），他怀着“大济苍生”的愿望，任江州刺史王凝之的祭酒。

陶渊明被称为“隐逸诗人之宗”。其隐逸文化总的风格有三：其一是柔，其二是淡，其三是远。他的创作开创了田园诗的体系，从而使中国古典诗歌达到了一个新的境界。从古至今，有很多人喜欢陶渊明固守寒庐，寄意田园，超凡脱俗的人生哲学，以及他淡薄渺远，恬静自然，无与伦比的艺术风格；同时对陶渊明归隐田园的原因以及他的隐居生活情况进行研究分析。

诸葛亮

诸葛亮（181—234），字孔明，号卧龙（也作伏龙），汉族，徐州琅琊阳都（今山东临沂市沂南县）人，三国时期蜀汉丞相，杰出的政治家、军事家、散文家、书法家、发明家。在世时被封为武乡侯，死后追谥忠武侯，东晋政权因其军事才能特追封他为武兴王。其散文代表作有《出师表》、《诫子书》等。曾发明木牛流马、孔明灯等，并改造连弩，叫作诸葛连弩，可一弩十矢俱发。于建兴十二年（234 年）在五丈原（今宝鸡岐山境内）逝世。

诸葛亮跨越 54 个春秋的一生，共有两个 27 年，公元 207 年以前的 27 年，是他博览群书，修身养性，广交名士，静观天下，立志用世的准备阶段；公元 207 年~234 年的 27 年里，是诸葛亮身体力行、完善自我、尽忠蜀汉、鞠躬尽瘁以及死而后已的奉献阶段。

也可以说，前 27 年是他的“淡泊”、“宁静”阶段，后 27 年则是他的“明志”、“致远”阶段。生前，他深受国人爱戴，死后更长期受到后人的敬仰，他的精神，已经成为我们中华民族传统文化的一份宝贵遗产。

范仲淹

范仲淹（989—1052），字希文，汉族，北宋著名的政治家、思想家、军事家、文学家、教育家，世称“范文正公”。仁宗时，担任右司读。景祐五年（1038 年），在西夏李元昊的叛乱中，与韩琦共同担任陕西经略安抚招讨副使，采取“屯田久守”方针，协助夏竦平定叛乱。著有《范文正公文集》。

范仲淹从小读书就十分刻苦，朱家是长山的富户，但他为了励志，常去附近长白山上的醴泉寺寄宿读书，晨夕之间.便就读讽诵，给僧人留下深刻的印象：那时，他的生活极其艰苦，每天只煮一碗稠粥，凉了以后划成四块，早晚各取两块，拌几根腌菜，调拌于醋汁，吃完继续读书。后世便有了断粥划齑的美誉，但他对这种清苦生活却毫不介意，而用全部精力在书中寻找着自己的乐趣。

范仲淹在《岳阳楼记》中有这样一句话：“不以物喜，不以己悲。”主人翁范仲淹对政治、官场、社会等表现出的是一种不与世俗同流合污的清高态度。

罗素

伯特兰·罗素（Bertrand Russell，1872—1970）是 20 世纪英国哲学家、数学家、逻辑学家、历史学家，无神论或者不可知论者，也是上世纪西方最著名、影响最大的学者和和平主义社会活动家之一，罗素也被认为是与弗雷格、维特根斯坦和怀特海一同创建了分析哲学。他与怀特海合著的《数学原理》对逻辑学、数学、集合论、语言学和分析哲学有着巨大影响。

1950 年，罗素获得诺贝尔文学奖，以表彰其“多样且重要的作品，持续不断的追求人道主义理想和思想自由”。

契诃夫

安东·巴甫洛维奇·契诃夫，莫斯科大学毕业，做过医生。1880 年开始发表作品。是俄国的世界级短篇小说巨匠和俄国 19 世纪末期最后一位批判现实主义艺术大师，世界三大短篇小说家之一。其剧作对 20 世纪戏剧产生了很大的影响。

契诃夫初学写作时，只是给彼得堡一家叫作《花絮》的幽默周刊写点小文章。他写了五年小文章，很多人都说他在文学创作方面是不会有什么成就的。有人说他写的小文章是雕虫小技，有人还说小文章轻飘飘的，不足挂齿，写长篇才有分量。

契诃夫却不这么看，他说：小作品比大文章好，矫揉造作少，而又较易获得成功。契诃夫成名之后，仍然极为重视写小文章。他曾说："我是极力拥护小作品的，要是叫我办一个幽默杂志，我会拒绝一切长文章。"

契诃夫就这样，坚持现实主义传统，注重描写俄国人民的日常生活，塑造具有典型性格的小人物，借此忠实反映出当时俄国社会的现实状况。他的作品的三大特征是对丑恶现象的嘲笑与对贫苦人民的深切的同情，并且其作品无情地揭露了沙皇统治下不合理的社会制度和社会的丑恶现象。

马克·吐温

马克·吐温（1835—1910），美国幽默大师、小说家、著名演说家、杰出的作家。马克·吐温一生写了大量作品，题材涉及小说、剧本、散文、诗歌等各方面。从内容上说，他的作品批判了不合理现象或人性的丑恶之处，表达了这位当过排字工人和水手的作家强烈的正义感和对普通人民的关心；从风格上说，专家们和一般读者都认为，幽默和讽刺是他的写作特点。

马克·吐温作为美国批判现实主义文学的代表人物，其创作的触角扎根于社会现实的方方面面。随着生活阅历加深，马克·吐温对美国表面繁荣掩盖下的社会现实有了更清醒的认识，他开始在作品中探讨一些深刻的社会问题，这个时期是马克·吐温创作的黄金时代，也是他在继续观察社会的基础上加深对美国的政治制度、生活方式、思想情操的思考和探索时期，尖锐的讽刺和无情的揭露是这一时期作品的主要特点。

其作品的基调也由早期的幽默乐观转为无情的揭露和辛辣的讽刺，笔锋更加犀利，讽刺更加激烈，幽默讽刺中批判的成分增强了。作品生活画面的广阔和人物形象的确立，反映了作者艺术技巧的更加成熟，更具有魅力，更为丰富多彩。

海伦·凯勒曾言："我喜欢马克·吐温——谁会不喜欢他呢？即使是上帝，亦会钟爱他，赋予其智慧，并于其心灵里绘画出一道爱与信仰的彩虹。"

加加林

尤里·阿列克谢耶维奇·加加林（1934—1968），世界第一名航天员，苏联英雄，苏联太空人，苏联红军上校飞行员，是第一个进入太空

的地球人。生于苏联斯摩棱斯克州格扎茨克区的克卢希诺镇一个集体农庄庄员家庭，白俄罗斯人。

1955 年从萨拉托夫工业技术学校毕业后参军。1957 年在契卡洛夫第一军事航空飞行员学校结业，成为红旗北方舰队航空兵歼击机飞行员。

加加林在 20 多名候选宇航员中脱颖而出，原因是多方面的，但无疑一个细节帮了他不小的忙。原来，在确定人选前一个星期，主设计师科罗廖夫发现，在进入飞船前，只有加加林一人脱下鞋子，只穿袜子进入座舱。

这一举动使加加林一下子赢得了科罗廖夫的好感。科罗廖夫说，他感到这位青年如此懂得规矩，又如此珍爱他为之倾注心血的飞船，于是他更偏爱于加加林。脱鞋虽然是生活和工作的一个小细节，但这个细节却能折射出一个人的严谨和敬业精神。加加林因为这个细节，为他的成功加上了重重的砝码。细节导致成功，是一种看似偶然性的必然性。因此我们要想成功，就要注意细节，无条件地做好自己。

雨果

维克多·雨果（1802—1885），法国浪漫主义作家，人道主义的代表人物，19 世纪前期积极浪漫主义文学运动的代表作家，法国文学史上卓越的资产阶级民主作家，被人们称为“法兰西的莎士比亚”。一生写过多部诗歌、小说、剧本、各种散文和文艺评论及政论文章，在法国及世界有着广泛的影响力。

雨果是一位充满战斗精神的诗人，他曾以《处罚集》《凶年论》等气势恢宏、感情奔放的动人诗篇，吹响了反对帝制、歌颂光明的斗争号角；雨果曾经用自己的著作和朗诵诗歌的报酬买了两门大炮，并捐献给国家用以抗战，表现雨果自身的崇高爱国精神。雨果继承了法国资产阶级革命以来进步的思想传统，是一位杰出的民主斗士，是资产阶级民主主义的卓越代表。

罗曼·罗兰曾如此赞扬过雨果：“在文学界和艺术界的所有伟人中，雨果是唯一活在法兰西人民心中的伟人。”

包拯

包拯（公元 999—1062 年），字希仁，号文正，谥孝肃，庙号兼济，庐州府合肥（今安徽肥东县）包村人。他 28 岁中进士，曾先后任天长、端州、瀛州、扬州、庐州、池州、开封等地知县、知府，出使过契丹，还在刑部、兵部任过职，在财政部门做过副使、转运使、三司使，在监察部门做过御使、谏议大夫，最后做到枢密副使，成为朝廷的宰辅。

至和三年（1056 年），以龙图阁直学士权知开封府，因不畏权贵，不徇私情，清正廉洁，当时流传有“关节不到，有阎罗包老”的赞誉。死后追赠礼部尚书，谥孝肃。他当过的天章阁待制和龙图阁直学士使他有了“包待制”“包龙图”的雅称。老百姓更喜欢直呼“包公”。

包拯是中国老百姓心中的青天，从南到北，在全国许多地方都怀念包公，历代文人还写了不少颂扬包拯的诗词，用诗歌来歌颂他的刚正不阿和清正廉明，表达对他的景仰之情。包公一生清正廉洁，刚正不阿，是一千多年来老百姓心目中崇高的清官形象。政治清明时，人们固然怀念他；世道衰败时，老百姓更加怀念他。自宋朝到今天，虽然世事变幻不定，然而，人们对于包公的怀念却是永远的。

朱棣

明成祖朱棣，朱元璋第四个儿子，明朝第三位皇帝，在位 22 年，年号永乐。在位期间，名成祖朱棣下令迁都北京，五次亲征蒙古，收复交趾、东北设立奴儿干都司、西北设立哈密卫，巩固了南北边防，维护了中国版图的统一与完整。多次派郑和下西洋，加强了中外友好往来。编修《永乐大典》，疏浚大运河。这是明朝非常重要的一段时期，正是因为朱棣的治理，不仅稳固了政权，更是让经济有了一个非常大的提升，在历史上创造了“永乐盛世”。

然而在历史中，总会有一些流传下来的流言蜚语，关于朱棣，最主要的就是“迁都北京”的原因，甚至有人提出，是因为朱棣篡夺了帝位，所以夜不能寐，才有了迁都的决定。但实际上，真正决心迁都的人并非是始于朱棣，而是朱元璋本人。朱棣明知道自己决心迁都会在百姓心中，甚至在后人心中都会背上骂名，但是为了整个大明江山，朱棣毅然决然地迁都，彻底遵守父亲遗留下来的祖训——“天子守国门，君主死社稷。”

事实证明，朱棣的决定是正确的，尽管至今仍然有很多关于他“迁都北京”的流言蜚语，但是相信历史会还给他一个真正的清白。

心灵修养用语微解

机关算尽：周密、巧妙的计谋。比喻用尽心思。

羡慕：爱慕；钦慕；看到别人有的希望自己也有。

放下：把握着、提着或负载着的物件从高处放到低处；搁置；停止进行。

欲望：对能给以愉快或满足的事物或经验的有意识的愿望；强烈的向往；肉欲或性欲。

取舍：要或不要；选择。取舍，是一种精神；取，是一种领悟。舍，更是一种智慧；取舍，是为人处世的至高境界。

虔诚：恭敬而有诚意的态度却又不是真理的本身。多指形式上的。虔：恭敬。虔诚：恭敬而有诚意（多指宗教信仰）。

拼搏：指豁出性命，进行激烈的搏斗。比喻尽最大的力量，用自己的所有不顾一切地极度努力，去实现自己的目标。

完美：指完备美好；没有缺陷，是心里遐想的世界，现实中并不存在，是人们渴望得到并追求的一种理念和动力，是存在思想中的。

诚信：诚信是一个道德范畴，是公民的第二个“身份证”，是日常行为的诚实和正式交流的信用的合称。即待人处事真诚、老实、讲信誉，言必信、行必果，一言九鼎，一诺千金。

执念：是一种态度，对待自己，对待他人，对待社会，对待生命的态度。是个人存在的证明，是个人判断善恶好坏的唯一标准。对某物或某人或某事特别执着，当执着过分的时候就会有怨念。

豁达：豁达指心胸开阔，性格开朗，能容人容事。豁达是一种大度和宽容，豁达是一种品格和美德，豁达是一种乐观的豪爽，豁达是一种博大的胸怀、洒脱的态度，也是人生中最高的境界之一。

坚定：指意志坚强，不动摇。晋·刘琨《书》：“胆识坚定，临难无苟免之意。”明·王守仁《传习录》卷中：“脩谨而不失之拘局，久则体貌习熟，德性坚定矣。”明·李东阳《孔氏四子字说》：“人能学礼，则品节详明，德性坚定而能立。

生活：指为生存发展而进行各种活动，也是人类这种生命的所有的日常活动和经历的总和。广义上指人的各种活动，包括日常生活行动、学习、工作、休闲、社交、娱乐等职业生活、个人生活、家庭生活和社会生活以及玩味生活。

简约：节俭；简省。《后汉书·马援传》：“时皇太后躬履节俭，事从简约。”晋·葛洪《抱朴子·诘鲍》：“质素简约者，贵而显之；乱化侵民者，黜而戮之。”萧乾《未带地图的旅人》：“我感到人物外形还比较容易着笔，用简约的线条勾勒出人物的性格，对我一直是个难题。”

对峙：两山相对耸立。刘白羽《长江三峡》：山峡越来越狭，前面两山对峙，看去连一扇大门那么宽也没有，而门外完全是白雾。相对而立。郦道元《水经注·资水》：“县左右二冈对峙。”对抗；抗衡。黄鸿寿《开设资政院》：“院中议员以钦选、民选两部分组织而成，两造之分子，隐隐然若两党之对峙。”

友情：指慈悲之慈。相当于佛教用语“弥勒”一词，也就是我们常说的友情。在佛教之中，友情表示“无缘之慈悲”，无缘也就是无条件之意。无条件的友情，是佛教对“爱”之最高发挥。佛教之出世间即是超越血缘、地缘，出离家园与国家，超越骨肉血亲之爱，超越国别地域之爱，对所有人皆平等奉献无条件之友情，这就是所有佛教徒必备之条件。而在现如今，友情等于友谊，是指朋友之间珍贵的、不掺杂任何物质的情感。

感恩：即感谢，一种是指餐前、餐后对上帝表示感谢的一种仪式；另一种则是内心对生命、对生活的一种感激之情。《三国志·吴志·骆统传》中写道：“飨赐之日，可人人别进，问其燥湿，加以密意，诱谕使言，察其志趣，令皆感恩戴义，怀欲报之心。”可以说，感恩不仅仅是一种处世哲学，也是生活中的大智慧。一个智慧的人，不应该为自己没有的东西斤斤计较，更不应该一味索取和使自己的私欲膨胀，而是要学会感恩，为自己已有的而感恩，感谢生活给予你的一切。这样你才会有一个积极的人生观，才会有一种健康的心态。

洒脱：形容非常潇洒、豪放，无拘无束，举止或行动自然，不受拘束。《老残游记续集遗稿》第六回中写道：“我看逸云那人洒脱得很。”洒脱，是一种心胸，是一种态度，更是一种气魄，人生在世，短短数十寒暑，不过弹指一挥间，任何人都无一例外。所以人们才说生命是既短暂又宝贵的，然而却有许许多多的人，活得糊涂，活得无聊，活得烦恼。与其这样纠结地活一生，倒不如学道者洒脱！洒脱同样是一份心境，只有酝酿洒脱，才有“挥一挥衣袖，不带走一片云彩”的飘扬；只有解读洒脱，才有“天生我材必有用，千金散尽还复来”的自励；也只有拥有洒脱，才有“面朝大海，春暖花开”的情怀。

难得糊涂：指清代书画家郑板桥书法作品难得糊涂。是一种处世态度，不是做学问的态度。

淡泊名利：淡：不重视；泊：古代停船叫泊，就是把追名逐利的追和逐放在一起。淡泊名利，就是“名利于我如浮云”的意思。淡泊并不是力不能及的无奈，也不是心满意足的自赏，更不是碌碌无为的哀叹，淡泊就是超脱世俗的诱惑和困扰，实实在在地对待一切，豁达客观地看待一切的生活。

合作共赢：指交易双方或共事双方或多方在完成一项交易活动或共担一项任务的过程中互惠互利、相得益彰，能够实现双方或多方的共同收益。例句：这次“广交会”为世界各国的贸易商们真正搭建了一个合作共赢的良好平台。

乐观积极：泛指一个人对周围人与事物正面的认知取向的心理品质，显现为人格的性格特征。其突出表现为自信乐观、耐受挫折等特质。这类人认知准确，内驱力旺盛，有意识的动机明显，有稳定的情绪、情感和坚定的意志，能理性辨别诱因，积极地看待挫折，辩证地对待得失。